选对色彩玩转美甲

摩天文传 编著

吉林科学技术出版社

图书在版编目（CIP）数据

选对色彩玩转美甲 / 摩天文传编著. -- 长春：吉
林科学技术出版社，2014.5
ISBN 978-7-5384-5605-9

Ⅰ. ①选… Ⅱ. ①摩… Ⅲ. ①指（趾）甲－化妆－基
本知识 Ⅳ. ①TS974.1

中国版本图书馆CIP数据核字(2014)第089569号

选对色彩玩转美甲

编　　著	摩天文传	
编　　委	韦延海　王彦亮　曹　静　郭　慕　杨　柳　陈　静　赵　珏　李淑芳　简怡纹　陈春春	
	黄　琳　邓　琳　梁　莉　杨晓玮　胡婷婷　班虹琳　王慧莲　黄苏曼　宋　丹　顾哲贤	
	陈　晨　赵　杨　李　亚　陈奕伶　康璐颖　卢　璐　陆丽娜　胡心悦　张瑞真	
出版人	李　梁	
选题策划	摩天文传	
策划责任编辑	端金香	
执行责任编辑	任思诺	

封面设计	摩天文传
内文设计	摩天文传
开　　本	780mm×1460mm　1/24
字　　数	280千字
印　　张	7
印　　数	1-6000
版　　次	2014年9月第1版
印　　次	2014年9月第1次印刷

出　　版	吉林科学技术出版社
发　　行	吉林科学技术出版社
地　　址	长春市人民大街4646号
邮　　编	130021
发行部电话/传真	0431-85677817　85635177　85651759
	85651628　85600611　85670016
储运部电话	0431-86059116
编辑部电话	0431-85642539
网　　址	www.jlstp.net
印　　刷	长春新华印刷集团有限公司
书　　号	ISBN 978-7-5384-5605-9
定　　价	35.00元

如有印装质量问题可寄出版社调换

前言

初学者说："美甲看起来简单，自己画却总也画不好！"

大部分美甲初学者都觉得学习画美甲最难的是涂指甲油的技巧，而实际上最能决定一款美甲是否漂亮的关键是色彩搭配——选对了合适的色彩，不仅能够让指尖缤纷靓丽，还能让双手更白皙水嫩，甚至弱化手部缺陷。本书从全新的角度教你选对色彩玩转美甲，让你通过简单学习即可掌握美甲的奥秘。

美甲达人说："改变一下，你所会的绝对不止是单色平涂指甲油！"

单色平涂的指甲油已经满足不了追求时尚的内心，美甲会所里各种纷繁的花样其实过于复杂，我们完全可以追求这二者之间的平衡，巧妙地运用指甲油色彩的搭配，简单而充满艺术气息的配色也能轻松画出让人眼前一亮的美甲图案。本书教你大胆运用各种指甲油色彩，塑造出时尚百变的美甲款式。

专业美甲师说："美甲的精髓归根到底在于色彩的搭配！"

专业美甲师之所以能够随心所欲地画出不同风格的美甲款式，最核心的就是指甲油色彩的搭配经验，很多最流行最时尚的美甲款式并不需要多么复杂的图案，只要把握好色彩的搭配和色块的比例，就能成就一款美丽又时尚的缤纷美甲。读完本书，你也可以画出与专业美甲师媲美的时尚美甲。

创作团队说："了解指甲油色彩的秘密，美甲就可以很简单！"

本书由国内最专业的女性美容时尚图书创作团队摩天文传所创作，团队中的资深美甲编辑将枯燥却实用的色彩学理论进行提炼，精选和总结出一条条通俗易懂的色彩搭配法则，再根据亚洲最新潮流资讯进行美甲的设计，精心创作出这本《选对色彩玩转美甲》，让每个女性都可以运用色彩美学的法则进行美甲，让每个掌握了色彩学法则的女性都可以轻松画出色彩缤纷的美甲款式，从"手残女"华丽变身成为朋友眼中的美甲达人。

目录

第一章 入门 让双手保持细嫩的秘诀

第二章 春季 营造清新粉感透亮甲色

第三章　夏季　塑造灿烂多彩明亮甲色

第四章　秋季　打造美轮美奂质感美甲

第五章　冬季　打造高贵迷人完美双手

第一章 入门

让双手保持细嫩的秘诀

　　想要美甲就先得美手，否则你拥有再漂亮的甲面也只是徒劳。不仅要了解手部肌肤及指甲的敌人，还要熟知各种护甲护手产品的作用。学会各种合理科学的手部护理技巧，这样才能消灭手部敌人，让双手细致柔嫩！

1 手部肌肤及指甲的敌人

手是女人第二张脸，每个女人都想拥有纤纤玉手。想要达到目标，就要了解手部肌肤及指甲的敌人，将它们一一排除。

排除手部肌肤敌人，让肌肤更细滑 ■ ■ ■ ■ ■ ■

手部肌肤粗糙，毛孔粗大

如果双手纹路加深，关节处肌肤越来越黑，并且毛孔粗大，这是由于角质层已经堆积得很厚了，需要马上清理角质。可以使用护理身体的磨砂膏，也可以用白糖按摩在手部肌肤，清洁老废角质的同时赋予肌肤润泽的能力。想要保持双手细腻白净，不是非要等到手部肌肤发出警告才想到要清理角质，定期清理很重要。

双手肌肤紧绷，没有光泽

在洗完手后双手紧绷感会更明显，特别是秋季，无论洗手或者没洗手，都会觉得肌肤没有水分也没有光泽，看起来十分黯淡无光。这是因为手部肌肤水分流失快，清洗时油脂也被一同清理干净，而后没有马上为手部肌肤补充水分，长期如此还会造成手纹变多甚至肌肤龟裂。此时，应该换一款拥有滋润保湿的护手霜或者为手部做一个手膜，来滋润一下干涸已久的肌肤。

手部肌肤黯沉，十分黝黑

很多女性在夏天只注意脸部、手臂以及大腿的防晒，往往忽略了手掌和手背的防晒，导致手部肌肤比手臂肤色更为深沉。阳光中的紫外线会穿透肌肤对手部的真皮层造成伤害，所以每天出门前一定别忘了要在手部涂抹上一层防晒霜，洗手之后也要记得补涂，给双手更周全的保护才能拥有嫩白的手部肌肤。

双手肌肤脱皮，指尖有倒刺

如果你的双手肌肤经常无缘无故地脱皮或者指甲盖周围总会长出惹人厌的倒刺，这说明你的身体缺乏了某种维生素，所以每天摄入必需的维生素物质，还要加强补充维生素 C 和维生素 E，它们都是能够有效地改善脱皮以及指甲盖周围倒刺问题，同时还可以强化双手肌肤保湿功能。

将指甲敌人清扫出门，让指甲更健康 ■ ■ ■ ■ ■ ■

指甲表面不光滑，有直纹

如果你的指甲表面很不光滑，并且出现一条条纹路分明的直纹，这是因为操劳过度、用脑过度等问题引起的；在睡眠不足的时候，这些直纹也会清楚地显现出来。如果直纹一直存在，则可能是体内器官的慢性病变。如果不加以调养，随着病情的发展指甲会变得高低不平，甚至会裂开。

甲床分离，甲片没有光泽

甲床分离指的是指甲从指尖末端向甲根方向逐渐分离，但一般只分离到一半的位置。剥离部分甲下形成空洞，极易堆积污物，形成感染源，可诱发甲沟炎等疾病，开始剥离时，甲板硬度增加，但表面尚光滑，随着空气及污染物进入空隙，可导致甲板变黄而失去光泽。甲床分离一般是营养性的，也有物理性造成的伤害，如碰伤等。

指甲出现白斑

指甲上莫名地出现白斑，除了碰撞的原因外，还可能是身体缺乏锌元素所造成的。这时候可以通过补锌来消除手指甲上的白斑。比如，通过海产品、菠菜、菇类、五谷类、葵花籽等食物来补充营养，坚持一段时间后，你会发现指甲上扰人的白斑慢慢地消失，还原健康的甲色。

指甲很黄

指甲的甲片颜色很黄，不仅是平常卸指甲油卸得不干净，还会因为缺乏维生素 E 而泛黄。可以通过多吃深绿色的蔬菜以及水果进行摄取，也可以通过吃维生素 E 片进行补充。如果一段时间不奏效，可能是你的淋巴系统或者呼吸系统有问题，应该马上到医院就诊。

2 了解手部及指甲基本护理产品

　　手部也会暴露女人的年龄，所以别再忽略手部保养！双手需要像脸部肌肤一样做到滴水不漏地精心呵护，才能更健康、更年轻美丽。

手部基本护理产品

护手霜

　　护手霜是保持手部肌肤水分，预防细纹的主要护理产品，可以根据手部肌肤的不同需求，选用不同类别的护手霜。如含甘油、矿物质的润手霜，适合干燥肤质；含天然胶原及维生素 E 的护手霜，果酸成分有较强的修复作用，适合因劳作而粗糙的肤质。

磨砂膏

　　手部肌肤比脸部肌肤更容易堆积角质，所以为了一双美丽嫩白的手一定要定期去角质，而磨砂膏就成了必不可少的去角质产品。去除手部角质可以选用专门的手部磨砂膏，也能够选择身体磨砂膏或者带有磨砂微粒的洗面奶来清除角质。

手套

　　手套不仅冬季需要，夏季戴上薄薄的手套不仅防晒，还能预防手部肌肤衰老。而做家务或者做其他劳动时戴上外层橡胶、内层棉质的手套，以保护双手不受外界的磨损，还能保证双手的温暖，不至于受冻。所以养成戴手套的好习惯是拥有嫩白双手的第一步。

洗手液

　　部分女性喜欢用肥皂来清洗双手，觉得这样会清洗得更干净，其实不然。我们的手部肌肤属于弱酸性，肥皂大部分是碱性的，如果长期使用肥皂清洗双手又没有做到很好的防护措施，会让双手更加干燥、粗糙。所以，一瓶拥有天然保湿、清洁成分的洗手液成了护手的关键。

指甲基本护理产品

小奥汀水性指彩

小奥汀是一款革命性的环保无毒指甲油，主要成分为树脂和水，采用矿物质色粉上色，一切成分都是纯天然原料。这种指甲油没有任何气味，卸指甲油时只需将指甲油慢慢揭下即可轻松剥离，方便经常更换新的色彩和图案，不伤指甲。

死皮软化剂

死皮软化剂可以去除甲面和指甲周边多余的死皮以及角质，可以让指甲迅速地吸收营养，维持最佳的保湿状态，预防倒刺产生。除此之外，它还能够轻松激活指甲新细胞的再生，使干燥、粗糙的死皮剥落。

指缘油

指缘油在指甲里扮演着保护面部肌肤中精华液的角色，它含有丰富的天然精华，还具有超强的抗氧化能力，能够恢复指甲周围肌肤的弹性，有效抑制倒刺、干裂现象，帮助营养吸收以及锁住水分的功效。

营养底油

营养底油是专门针对指甲断裂以及剥落状况的修护产品，相当于指甲的隔离霜，避免指甲受到有害物质的伤害。如果是加钙型的营养底油，除了富含角质氨基酸外，还能帮助增强指甲的硬度，预防天然指甲斑点产生。

硬甲油

有些女性指甲硬度较软且容易剥落，可以利用硬甲油来调理脆弱的指甲。它富含多种营养元素，为指甲提供均衡的营养，可以直接用在裸甲上，从根本防止指甲变脆、分层以及剥离等问题，恢复指甲硬度。

③ 准备修手的基本材料及工具

想要打造一双完美的青葱玉手，就要先了解修手的基本材料以及工具，才能够开始真正的修手工作。

修手必备材料

消毒液

消毒液是开启修手步骤的必需品，要先对修手工具以及手部进行消毒，避免细菌交叉感染，导致一系列的手部疾病产生。

洗甲水

修手也不能忽略指甲部分，如果指甲上残留着上次美甲时的指甲油，那么就需要用洗甲水卸除干净。

死皮软化剂

想要拥有白净的双手，死皮软化剂是不可或缺的修手材料之一。它能够软化双手角质，让死皮更易去除。

温水

温水可以去除各种修手制剂，以免它们残留在手上太久造成危害。此外，温水还能够加速手部对各大营养物质的吸收以及软化角质。

加钙底油

加钙底油起到隔离作用，能够很好地保护指甲不受到有害物质的侵袭以及为指甲补充基本的营养，让指甲更健康。

营养油

营养油往往富含丰富的植物精华以及营养物质，是在修完手后需要擦在指甲边缘的肌肤上，不让它那么容易断裂。有了它能够让双手更加滋润有光泽。

修手必备工具

指甲钳

指甲钳能够修整指甲长度以及大致的甲形。首先它有大小区分，其次是以前端的形状分辨，有平头和斜面两种类型。

指甲锉

指甲锉是用于指甲形状的修磨，根据剪好的指甲然后进行更深层次的调整，它通常分为六种形状：方形、方圆形、椭圆形、尖形、圆形以及喇叭形，可以根据需求选择。

泡手碗

泡手碗是能够盛泡手液或者温水的容器，专业的泡手碗应该刚好是一只手的形状，将手放在上面正好与碗型吻合。

指皮钳

指皮钳一般都用不锈钢材料制成，有剪刀形的，也有钳子形的。它能够去掉刚推完的死皮以及倒刺，让双手更整齐美观。

抛光锉

抛光锉分为双面抛光条以及四面抛光块两种。主要是去除指甲表面残留的角质，让指甲表面变得更细腻有光泽。

4 打理出细嫩双手的修理步骤

一双白皙的纤纤玉手是需要耐心呵护的，一个正确的修理过程能够慢慢改变你的双手，让你的第二张脸熠熠生辉。

打造细嫩双手修理步骤

1 用喷式消毒液为工具以及双手消毒，避免细菌交叉感染。

2 将残留的指甲油用卸甲工具去除干净，不然会影响手指美观。

3 用指甲锉从小指开始逐一修磨甲形，将磨下的指甲粉尘去除。

4 在甲沟位置均匀涂上软化剂，用泡手碗装 1/2 温水浸泡 3~5 分钟。

5 在软化好死皮后，用推皮棒将手指老化的皮往手心方向推动。

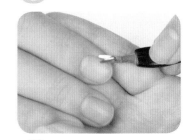

6 再用指皮钳的另一头去掉刚推完的死皮及倒刺，还可用指皮钳来剪。

7 用四面抛光块按照顺序将指甲打磨、抛光好，让指甲光泽更细腻。

8 用温水在泡手碗里清洗指甲 3 分钟后用消毒毛巾擦干。

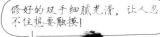

修好的双手细腻光滑，让人忍不住想要触摸！

9 给双手指甲涂上加钙底油，有条件的可以给指甲上蜡。

10 在甲沟位置涂上营养油轻轻按摩帮助吸收。

修手详细解说，让你离细嫩双手更近一步

1. 清洗指甲油时，应先用洗甲水把无纺布沾浸湿透，抚在有残留指甲油的指甲上停留 10 秒种左右往下抹擦干净。

2. 修甲形使用指甲锉时，从小指开始操作手法只能用同一方向往指甲前缘修磨，不能来回修磨，否则会引起多层甲。

3. 涂软化剂时不能涂到指甲盖上，只能涂到甲沟位置，以防软化指甲盖，泡手时间也不能太长，以免把手指皮肤泡致发白。

4. 使用指皮钳时应注意，只需用到剪口 1/2 前端部分。

5. 如果打算修好手后继续做美甲，那么就可以省去抛光步骤。

6. 涂指甲油前应涂加钙底油，加钙底油起到隔离和保护的作用，同时给指甲加钙，增加指甲的厚度。

7. 加钙底油必须干透后才能涂指甲油，否则指甲油容易脱落。

8. 涂完营养油后应轻轻打圈按摩，帮助吸收，起到修复及滋润作用。

5 如何选择健康安全的指甲油

指甲油犹如化妆品一样，早已成为女性的扮靓武器。不过，在挑选指甲油时不可马虎大意，因为劣质的指甲油会含有对人体健康十分有害的物质。

指甲油里的三大有害物质要看清

▼邻苯二甲酸二丁酯　▼甲醛　▼甲苯

为了让指甲油的颜色更鲜艳更润泽，并保持长期不褪色，指甲油的成分大多是以硝化纤维为本料，配上丙酮、醋酸乙酯、乳酸乙酯、苯二甲酸酊类等化学溶剂、增塑剂以及化学染料混合制成的，对身体或多或少地会有害。而一些劣质的指甲油里含有高达 80% 的致癌物质，这些致癌物质是可以通过呼吸系统和皮肤进入人体的，使用过多甚至有可能增加乳腺癌的发病概率，所以挑选指甲油时，一定要看清指甲油成分，避免有害物质伤害身体健康。

如何健康使用和挑选指甲油

用水性指彩代替传统指甲油

传统指甲油会含有甲醛、甲苯、腐蚀性溶剂，但是颜色鲜艳、保留持久。而水性指彩则用天然的树脂以及矿物质颜料调和而成，虽然颜色鲜艳，但是保留时间不是很长，但是对身体没有伤害。

尽量用大牌底油做上色前打底

不要为了贪图便宜而随便买个透明的底油，一个好的底油能够避免指甲变色，并且为指甲增添有益的钙质成分，可以强化我们的指甲。

深色指甲油注意停留天数

深色指甲油通常涂一次很难达到色彩均衡，一般都会涂 3 次左右才能达到想要的效果，但这时指甲油的厚度早已超出了淡色指甲油，所以要及时清洗。如果长时间停留则会染到我们的甲体本身，这也是指甲泛黄的原因，所以最好停留 5 天左右就清洗干净。

洗甲水也不能随便乱挑

如果是水性指彩就能免去用洗甲水，因为用手撕就能轻松卸掉。而传统指甲油需要挑选含有芦荟配方的洗甲水，它比较温和不刺激，能够很好地保护我们的指甲。

基本上色教程

很多女性在家自助美甲不管顺序，直接将毫无任何保护的裸甲涂上指甲油，也不管涂抹先后顺序乱涂，这样不仅伤害指甲也得不到均匀润泽的上色效果。

指甲基本上色步骤

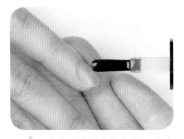

1 先将底油从小指部分逐个涂好，为指甲做一层保护膜。

2 为了避免指甲尖露白，先用指尖油在指甲白色缝隙盖上一层。

3 蘸取适量的指甲油，只在指甲中间涂上一道颜色。

4 然后将旁边两道空白用指甲油补齐，千万不要来回涂抹。

5 待指甲油干后，重复步骤2、3，再轻涂一层，使颜色饱满有光泽。

6 最后涂上一层透明的指甲油，延缓指甲油脱落时间。

小贴士

按照这样的顺序为指甲上色饱满又富有光泽感！

7 根据肤色选择最适合自己的甲色

不仅衣服和妆容能够调配自己的肤色，指甲的颜色也能很好地衬托我们的肤色。选对适合自己的指甲油颜色，更能隐藏肌肤缺点，让肌肤优点最大化。

选对甲色，让肌肤焕然一新

肤色较黑，黯淡无光

肤色偏黑，肌肤又没有光泽的女性要避免选择桃红、嫩绿、柠檬黄等浅色又艳丽的指甲油，它会让双手显得更黑更短。反而深色系的指甲油更适合这类肤色，偏棕色系的指甲油可以淡化手部肤色，显得手部清爽干净。

肤色蜡黄，面容憔悴

肤色偏黄的女性最好不要选择大红、粉色等色彩，因为会让指甲看起来脏脏的。不妨选用白色或者偏白的粉红色，可以营造出洁净亮丽的感觉。

肤色白皙，没有血色

这类型的肤色选择指甲油范围较广，几乎深色、浅色都能够包揽。如果想让手指看起来更纤长白皙，可以选择玫瑰色系或者深红色系的指甲油。如果想要肤色看起来更健康，可选择接近肤色的中间红色、淡粉色、肉桂色系都能达到效果。

肤色偏红，略显水肿

红润的肌肤会让人感觉非常健康，但是有时又会给人水肿的感觉，建议可以涂抹一些浅色系的指甲油来平衡色彩，如粉色、银白色 等，还能让手部线条看起来比较纤细修长。

小贴士

根据甲形挑选颜色

如果指甲比较短小，可以涂抹淡色的指甲油，让指甲显得纤长；如果指甲比较宽扁，可以涂抹深色的指甲油，在涂的时候不要涂到整个甲面，在两侧稍微留一点，会改变甲面的这种曲线。

8 如何保持甲色鲜亮如新

指甲油不会一涂就能保证永久不褪色，不过只要在涂色的时候注意一些小细节就能让你心爱的指甲油多陪你几天。

五个小细节延长甲色"保质期"

1. 指甲油分层涂，每层要足够轻薄

指甲油涂色可以分成两层涂抹，不要一气呵成。开始涂指甲油的时候一定要避免涂得太多太厚，一旦指甲油干得太慢，里面的溶剂不容易快速挥发，就会使其斑斑驳驳不够平滑。如果你嫌太薄的指甲油呈现不出饱和的色彩，那你可以多涂几层，但是要保证每层都足够轻薄，一样能达到效果。最后再涂上一层亮油就能让颜色更持久饱满。

2. 前期工作要做好

要想让美甲保留时间更长，首先要摒弃原来的涂抹方式，先从美甲前期的准备工作做起。用无羊毛脂的肥皂及温水洗手后用毛巾擦干，然后用无纤维化妆棉（不会掉毛）擦拭掉能引起指甲油剥落的油脂及洗手残留物。底油必不可少，它能使指甲油保留更长时间，还能避免深色指甲油的色素渗透到你的指甲盖里，并且最后卸除的时候还能帮你抵御洗甲水的伤害。

3. 亮甲油也讲究薄厚

亮甲油和指甲油一样，涂得薄的保留时间反倒更长，不仅涂的时候容易，而且掉一点也不容易被发现。如果亮甲油涂得很厚的话，不仅不容易干，脱的时候可能会影响整个甲片的效果，想及时补救都难。

4. 加入自己的创意

在指甲油掉落、颜色变暗之前，不仅可以用快干亮油作为保护，还可以靠自己的想象加入自己的创意，用其他色的指甲油在上面涂鸦或是贴上几粒金属装饰，你会发现本来斑驳的美甲会焕然一新。

5. 及时地补救

指甲油掉落和脱妆一样能够补救，所以不要为了掉甲脱落而影响心情。建议用抛光锉轻轻摩擦划痕和裂纹，然后用相同的指甲油在整个指甲上涂上薄薄的一层。等待其干燥 1~2 分钟后，再在上面覆盖一层快干亮油。对付美甲上的污点，可以将指尖浸到一点点丙酮中，轻轻用指尖拍打污点并压平，最后再在指甲上涂一层同色指甲油。

9 美甲造型基本材料及工具

美甲造型的基本材料和工具种类繁多，对于刚入门的你是不是会有选择疑虑？别担心，我们会为你一一罗列最具代表性最基本的美甲材料及工具，让你轻松入门！

美甲造型的基本材料

营养底油
可以很好地起到隔离指甲油的效果，同时也保护我们的指甲不受有害物质的侵害，最大限度地让指甲处于健康状态，还能为指甲补充有益的钙质。

指甲油
美甲造型的必备品，它缤纷的色彩能够带给人们愉快的心情，但是在注重色彩的同时也要重视指甲油的质地，健康才是首选。

硬甲油
硬甲油可以用于护理指甲脆化剥落等问题，如果指甲因为长期美甲而受到损伤，可以用硬甲油和营养底油来护理指甲。

亮油
亮油可以让指甲光泽更明亮，也能够延长指甲油在甲面停留的时间，让指甲油颜色更饱满持久，能够为装饰好的美甲撑起一道安全的屏障。

快干喷雾
一般指甲油会在 12 小时后才能完全干透，为了方便美甲后的正常活动，快干喷雾就是快速护甲的最佳装备，它能在 1 分钟内让指甲光滑、坚固，有效防止甲面附着污点。

美甲造型的基本工具

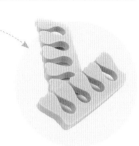

分指器

分指器能够让涂指甲油更方便，能够保证指甲油在涂色的同时不会沾染到其他指甲上。

指甲钳

指甲钳是美甲造型最基础的工具，它能快速地改变甲片形状以及长度。如果选用一些独特设计的指甲剪，还能够防止碎甲不容易飞溅。

抛光锉

抛光锉又叫打磨条，它能够快速解决指甲凹凸不平的现状，让指甲外形更圆润，经过打磨后的指甲上色也会更加均匀。

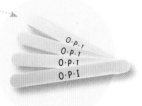

死皮叉

死皮叉能够去除指甲边缘的角质，在细节的修理会比死皮剪以及死皮推好用，只需轻轻地沿着死皮慢慢推就能轻松地去除甲周死皮了。

橘木棒

有时候就算再小心也难免会有指甲油溢出甲面，这时候细长的橘木棒就能够派上用场，只需用它点取适量洗甲水就能够清除多余的指甲油了。

指甲烘干机

在美甲后千万不能因为心急用嘴来吹干指甲，这样不仅不能快干还会让甲面光泽受损反而色泽不饱满光滑了。小巧方便的指甲烘干机就能使指甲油很快地凝固在甲面上。

10 卸除指甲油的正确方法

　　学会美甲还不算成功，卸除指甲油也是美甲重要的一部分。只有卸干净上次残留的美甲，才能让新一轮的美甲更漂亮成功！

卸除指甲油的正确步骤　　■ ■ ■ ■ ■ ■

1 先用指甲钳将指甲剪成想要的形状。

2 将袋装的酒精棉轻轻撕开，并取出酒精棉。

3 用酒精棉按压甲面，让指甲油充分接触到酒精棉。

4 将按压在甲面上的酒精棉顺着指甲往外擦。

5 再将酒精棉折叠好，选择干净的一角将残留在甲面或者肉缝的指甲油卸干净。

6 最后用棉签蘸取酒精清洗干净指甲即可。

小贴士

卸干净的指甲晶莹剔透又能自由呼吸啦！

卸甲妙方大揭秘，降低每天卸甲伤害

卸妆油也可充当洗甲水

卸妆油也可像洗甲水一样轻松卸掉指甲，并且减少对甲面和手部肌肤的伤害。只需在指甲上涂上一层薄薄的卸妆油，敷 3~5 分钟，待指甲油软化时可以用指甲锉将指甲油刮掉即可。

指甲保护膜轻松撕掉指甲油

指甲保护膜是一种可撕的透明指甲油，是在涂指甲油前使用的，它干后可在指甲上形成一层透明膜，保护指甲不受指甲油伤害；卸指甲油时，剥落即可，还原指甲原貌，不用洗甲水。没有异味，对指甲伤害也很小。

用指甲油卸掉指甲油

只需把新的指甲油覆盖在旧的指甲油上，停留两秒钟后直接用纸擦掉，新的指甲油会把旧的指甲油给带掉。虽然这个方法方便，但是不适用于深色指甲油，会有颜色残留在上面。这个方法也不能常用，会对指甲造成损伤。

水性胶水充当甲膜

先在指甲上用棉签涂匀一层薄薄的胶水，等胶水完全干了，再涂上指甲油。等你要换指甲油的时候，在指甲一侧一推，就可以把指甲油撕下来了，因为胶水形成了一层膜。而且用了这个方法，你的指甲油在接触水的时候也不会掉落。

卸甲湿巾

卸甲湿巾的性质和卸妆湿巾一样，它们已经浸湿在类似卸甲棉的纤维里，可以随时携带，不仅卸甲时使用方便快捷，还能在遇到紧急情况时及时地卸掉指甲油。

第二章 春季

营造清新粉感透亮甲色

春季万物复苏，指甲油色彩也开始鲜艳起来。面对琳琅满目的指甲油产品，你是否开始失去方向？春季甲色的选择秘诀将为你指引正确的方向！并且搭配一些富有生机的图案，轻松营造清新粉感的透亮美甲。

1 春季甲色选择秘诀

万物复苏的季节，色彩已经从沉寂的冬季慢慢露出了枝头，把握好春季最具代表性的色彩，成为春季时尚达人指日可待。

淡黄色系

淡淡的黄色系指甲油像是春日温和的暖阳，它不会像柠檬黄那样刺眼突出，浅浅的黄色恰好能够表现春季的柔和感。

✓ 最佳搭配色： 嫩草绿　象牙白

✗ 错误色系： 中国红　宝石蓝

嫩草绿和象牙白与淡黄色系的指甲油搭配，会马上给人春意盎然的感觉，还能够提亮肌肤光泽，但是如果是肌肤偏黄的女性要慎选这个色系。

类似中国红或者宝石蓝这类饱和度很高的鲜艳色彩搭配淡黄色本已经差了几个明度与饱和度，这样的对比会让淡黄色显得很脏，影响甲面效果。

淡粉色系

淡粉色系指甲油犹如春日里的花朵一般甜美柔嫩，它是春季最有女人味的颜色，特别适合与男友约会时选择，会为你的肤色与甜美的气质加分不少。

✓ 最佳搭配色： 粉蓝　薄荷绿

✗ 错误色系： 姜黄色　枣红色

甜美的粉红遇上粉蓝或者薄荷绿仿佛是一首春日交响曲，轻盈的色调搭配春日的开衫或者雪纺裙子都是很不错的指甲油色彩组合。

类似姜黄色和枣红色这些略带着棕色调的暗色系非常不适合淡粉色系，一是会让整体颜色显得很脏，二是粉色会因为这种很脏的色调变得很廉价。

浅绿色系

春季肯定少不了嫩绿的枝芽以及破土而出的嫩草，它必然是春季主打色中的佼佼者，无论是充满香气的薄荷绿还是可爱甜美的果绿色，都会让人心旷神怡。

✓ **最佳搭配色：** 森林绿 奶咖色

✗ **错误色系：** 桃红色 电光蓝

用相同色系来搭配就可以制造出清新的渐变甲，也不会觉得十分突兀；而搭配奶咖色会让浅绿色变得很温柔，使得这个色系不仅仅是小女生的专属色彩也能成为知性女性的选择。

偏荧光色系的桃红或者是电光蓝，这样明度超高的色彩若是搭配柔和的淡绿色系，会立刻降低几个灰度，也会让浅绿色系看上去没有了生机，十分邋遢。

浅紫色系

浅紫色系仿佛是一个冬季延续的梦，从寒冷的季节过渡到温暖的春季，冰冷的蓝与暖暖的黄相结合就形成了介于它们中间的淡紫色系。

✓ **最佳搭配色：** 樱花粉 珍珠白

✗ **错误色系：** 咖啡棕 墨绿色

樱花粉和浅紫色系的指甲油搭配会让女人味发挥到极致，带着小女人的甜美又有些许神秘浪漫的气质，而走日韩系的女生搭配珍珠白也很贴切春日主题。

浅紫色系和浅粉色系一样会对带有棕色的指甲油十分敏感，比如咖啡棕以及墨绿色，它们会让整个甲面看起来黯淡无光，也会让肌肤显得蜡黄无比。

褪下了沉重的外套，迎来温暖的春季，淡雅轻盈的春装当道，春装款式多样，不仅要讲究服装色彩的搭配，还要搭配靓丽的指甲油。

奶昔黄

奶昔黄虽然没有柠檬黄和荧光黄那么艳丽夺目，但也有它的活泼温暖性。它犹如一杯芒果奶昔，甜美而又耐人寻味。

薄荷绿

最具春天味道的薄荷绿代表着生命的颜色，在这植物复苏的季节，介于蓝色与绿色中间的薄荷绿无疑是小清新色彩的代言人。

樱花粉

　　春末夏初，日本的樱花吸引着全球不少游客。在这个花海的季节，来一抹花的色彩也会让你的心情大好，虽然没有去赏樱花，但指尖的樱花粉已经能让人着迷。

香芋紫

　　每位女性都有一个公主梦，香芋紫绝对能满足女性对公主梦的憧憬。十足的梦幻感与甜美度不会因为是香芋紫而觉得幼稚，隐约中还透露出一种淑媛的气息。

丹宁蓝

如今的丹宁与其说是一种面料更不如说是一种新色调，它既秉承了牛仔的帅气随性，但也有蓝色的沉稳内敛，丹宁蓝绝对是一种很好的中性色调。

蒂芙尼蓝

　　蒂芙尼蓝配上珠宝，就能赋予蒂芙尼的高贵典雅；而当它遇上款式活泼的服饰单品，色调也尤为轻快明亮。这就是蒂芙尼蓝的魅力，犹如春季的天气明媚参半。

3 实用策划春季最受欢迎的美甲图案

奶昔黄 春风拂面般的暖心色调

奶昔黄

带有绵绵暖意的奶昔黄，是让女性感到非常柔和舒心的色调，春季打造奶昔黄色调的美甲，一定能够让你更添柔美。

色彩学法则

只看一眼便会喜欢上的奶黄色碎花，配合翠绿可爱的叶子更是精巧，银色勾边让奶昔黄的柔和中增添了一丝明亮闪耀的色泽，温和中又增添了几分精致的美感。奶昔黄色泽的美甲会让你的手指看起来更加柔美，并不会过于浮夸做作，反而更增添优雅的气质。

奶昔黄色系甲片步骤分解

1. 将指甲的形状修整成方形以后，用白色指甲油均匀上色。

2. 用雕花笔蘸取奶昔黄指甲油，从右上角开始画花瓣。

3. 再蘸取适量的嫩绿色指甲油画花朵的叶子。

4. 给画好的叶子修形，叶尖也要尽量地保持尖头。

5. 在甲面中间画 3 朵连起来的花头。

6. 再将四周的花朵画出来，每朵花的姿态尽量不一样。

7. 再按照花朵的位置为每朵花配好叶子。

8. 待所有的指甲油干的时候将透明亮油刷上。

小贴士

春日淡雅甜美的花朵甲面就完成啦！搭配雪纺连衣裙以及娃娃款的衣服，甜美度能够再升一级。

珊瑚粉 甜美可人的少女情怀

珊瑚粉

甜美而不甜腻的珊瑚
粉色，满满的少女情怀，不管
你是哪一个年龄段的女性，珊瑚
粉色都会让你如少女般青春可人。

色彩学法则

像是盛开在指尖的花朵，珊瑚
粉色的柔和会让人的性格也变得温
和起来，搭配精巧的白色花瓣，增
添了清新的少女气息，另外金色亮
珠不会让粉色过于甜腻，而多了几
分精致感。珊瑚粉是每一个女生都
可以驾驭的春季色彩。

珊瑚粉色系甲片步骤分解

1 用珊瑚色指甲油先涂一层薄薄的底，待它晾干。

2 在第一层指甲油的基础上，再铺上一层珊瑚色指甲油。

3 用白色的点将花瓣、花心的位置在甲面上定位好。

4 根据白点的位置，先将靠在右边的白色花朵外形描绘出来。

5 然后再画左上角的花朵，花瓣大于花心。

6 按照同样的方法，将所有的花朵都画出来。

7 用镊子将金属珠子贴到花心位置。

8 待指甲油干后涂上一层亮油能够提升色彩饱和度，也能让甲片图案更持久。

小贴士

珊瑚粉色打造的小雏菊花纹能够提亮肤色，这款甲面不仅百搭还能让你在春季拥有人人羡慕的纤纤玉手。

樱花粉　美乃滋般的甜美诱惑

樱花粉

粉色总是让人联想到甜美可爱的少女，女生总是无法抗拒甜美的诱惑，樱花粉让指间也享受美乃滋般的甜美。

色彩学法则

均匀的条纹线条让美甲看起来更加整洁细腻，打破整面涂刷的样式，黑色的线条控制着粉色的甜蜜度，让美甲更具特色，留白的处理同样让美甲不会过于饱和，而是恰到好处的甜美度搭配个性的气质。

樱花粉色系甲片步骤分解

1 用樱花粉指甲油在甲面上涂 1/2 的色块。

2 再用白色指甲油将空白的甲面填满。

3 用深一号的粉色画出间隔均匀的条纹。

4 蘸取黑色的指甲油在樱花粉和白色指甲油连接处画一条黑线。

5 用黑色指甲油先画出一个类似三角形的图案。

6 按照同样的方法，再在另一侧画一个三角形图案。

7 可以用亮油充当胶水，点在蝴蝶结中间。

8 用镊子将珍珠与甲面贴合，待指甲油干后即可。

小贴士

樱花粉的指甲油是很多女生的最爱，它既可以很淑女，也可以很可爱，这款有条纹的甲面图案多了些许的俏皮感。

薄荷绿 清新色彩绽放春日香气

薄荷绿

令人清新的薄荷绿能够给人带来轻松愉悦的心情，明快的色彩为整体造型增添活泼感，春日香气难以抗拒。

色彩学法则

清新的色彩搭配小巧可爱的心形，让满满的清新多了几分烂漫的气息，适当的留白让美甲的造型更加精致，而搭配粉色的撞色效果则使得美甲更有设计感，乖巧清新和撞色的搭配，让美甲更具时尚感。

薄荷绿色系甲片步骤分解

1 先给甲片涂一层粉色的指甲油。

2 用薄荷绿的指甲油画出类似"人"型的粗线。

3 给图案描上黑色的边，再用白色画出心型的基本轮廓。

4 将白色填满爱心，尽量让它看起来饱满均匀。

5 再给叠于下方的长条填充满白色的爱心。

6 再把上方的长条也画满白色的爱心。

7 蘸取黑色的指甲油为白色的爱心描边。

8 待指甲油干后涂一层亮油能够提升色彩饱和度，也能让甲片图案更持久。

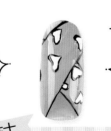

小贴士

只需 8 个步骤一款具有空间感的薄荷绿美甲就诞生了，春季来一款活泼俏皮的美甲增添活力吧！

43

香芋紫　优雅质感的公主色泽

香芋紫

优雅的紫色就像高贵优雅的女王，而淡淡的香芋紫则更像是优雅安静的公主，用香芋紫色的美甲让自己变身春日公主吧！

色彩学法则

淡淡的香芋紫让人能够感受到春日的芳香气息，白色圆点增添可爱感，金色的蝴蝶结使美甲变得更加细腻，立刻展现出公主般的高雅精致感。隐约的白色波点镂空花纹，更是美甲的精细之处，整副美甲都体现出优雅精致的气质。

香芋紫色系甲片步骤分解

1 用香芋紫色的指甲油填满整个甲面的 1/2。

2 再用点花笔在指甲边缘画上半圆的大波点。

3 在 1/2 交界处画上一条金色的细线。

4 沿着金线用点花笔画出大小均匀间隔相等的白色小波点。

5 中间留点空隙，点一排波浪形的波点作为蕾丝图案的大致轮廓。

6 再用雕花笔在之前留的空隙中画出交织的细线。蕾丝图案就完成了。

7 雕花笔蘸取金色的指甲油在甲片中间的位置画上蝴蝶结图案。

8 待指甲油干后涂上一层亮油，能够提升色彩饱和度，也能让甲片图案更持久。

小贴士

香芋紫色营造梦幻甲面，搭配蕾丝和蝴蝶结等富有女人味的元素会让你在春天变得更柔美动人。

钛白色　现代感的立体美学

钛白色

白色是最宽容的色泽，能够包容任何颜色展现出不同的气质。钛白色能够打造出利落质感的现代感。

色彩学法则

整副美甲呈现出时尚的现代感，黑白条纹永远都在时尚元素之列，黑白波点又多了几分可爱感，蝴蝶结衬衣式的图案让美甲更有设计感，也更引人眼球，而搭配金银色系的亮片则让美甲变得更加华美而有气质。

钛白色系甲片步骤分解

1 给甲片均匀地涂抹上白色的指甲油，等待其晾干。

2 用雕花笔在指甲尖的边缘画一条黑线。

3 用灰色的指甲油画出长度为甲面 1/2 多一点的灰线。

4 指甲中间少画一根，缝隙要留宽些，在左边画出与右边对称的灰线。

5 用黑色的指甲油描绘出蝴蝶结的轮廓，作为领结。

6 再将刚画好的蝴蝶结轮廓用黑色的指甲油填充满。

7 用点花笔在预留的缝隙里点出 5 颗圆点，作为西装的扣子。

8 再用镊子取一颗金属色的铆钉贴于领结中间作为点睛装饰。

小贴士

黑白灰三色将帅气的中性款美甲展现得恰到好处，很适合慵懒随性的装扮帅气男性风格的搭配。

蒂芙尼蓝 从橱窗里跳出的优雅色泽

蒂芙尼蓝

名品的标志性颜色蒂芙尼蓝备受女性的喜爱，明快的色泽同时具备优雅和个性双重魅力，让如此出众的色泽跳跃到指间吧！

色彩学法则

个性十足的美甲，令人心动的蒂芙尼蓝为整副美甲增添了明快的色泽，清新的春日气息扑面而来，而黑白色的几何图案则打造个性感，独树一帜的枚红色在清冽的色彩中，注入一股妩媚的气息，多了几分娇美。

蒂芙尼蓝色系甲片步骤分解

1 用白色的指甲油填满整个甲面的 1/2。

2 再用蒂芙尼蓝色的指甲油将剩下的甲面填满。

3 在它们的交界处用黑色指甲油画出黑色的分界线。

4 从上面开始先画出半个方块的线条连接起来。

5 随后将整个甲面画出方块的线网，方便填色。

6 从第一层开始用黑色指甲油填色，尽量将方块填充饱满。

7 第二层留白不画，第三层也填满黑色方块。

8 待指甲油干后上一层亮油能够提升色彩饱和度，也能让甲片图案更持久。

小贴士

看上去复杂的几何图案是否比你想象的容易许多？其实它不仅容易操作还很百搭，无论是休闲款 T 恤还是帅气的机车服都很合适。

丹宁蓝 丹宁也可以很优雅

丹宁蓝

丹宁风一向以帅气随性示人，其实丹宁也可以变得很优雅，运用在指间的丹宁就能够让你变身可人少女。

色彩学法则

　　简单的色彩同样别有特色，丹宁蓝搭配纯白的蝴蝶结，净澈的透明感和甜美可爱的气息相融合，使得美甲更有别样的优雅感，同时又不失明快的青春气息。如果不喜欢过于复杂的款式和色泽，那么就选择干净的丹宁蓝来打造一款优雅美甲。

丹宁色系甲片步骤分解

1 将甲面上一层薄薄的丹宁蓝色，待干后再上一层让颜色更均匀。

2 在指甲的 1/4 处画一条白色的细线。

3 同样的方法再在指甲的 1/2 处画出一条白色细线。

4 最后在指甲的 3/4 处也画上白色的线条。

5 待 3 条线条干后，在指甲中间画一条竖的白线。

6 再在中线的右边也画一条竖的白线组成格子。

7 中线的左方也用同样的方式画出白色的细线。

8 用镊子取蝴蝶结装饰物贴于甲面的左上方位置。

小贴士

丹宁色让这款甲面多了几分率性天真，格子与蝴蝶结元素也增加了甜美度，搭配雪纺或牛仔衫都没问题。

4 特别策划春季场合美甲

面试应聘 简约气质是制胜法宝

造型的细节能让你在面试中脱颖而出，简单大方的美甲能让你看起来更加精致，同时也能体现你的品味。

灰色能够让人带有沉稳的气质感，搭配深红色和黑色的格子图案，让美甲多一些设计感，金色勾边使得美甲更加精细，只做指间的涂染，让甲片不会过于隆重或是复杂，简单透亮的透明色泽更适合面试场合。

1 用灰色指甲油在甲尖处画出一个有弧度的月牙，做法式的美甲。

2 再在灰色指甲油边缘描绘出金色的细线，让边缘显得平整。

3 把灰色面积分为2等分，在中间处也画出一条金线。

4 然后再把那条金线分为3等分，从左边开始画竖线。

5 用雕花笔将剩下一条竖线画好后就能看出方块的图案。

6 待金线干了之后，用棕色的指甲油将中间那格方块填满。

7 再用黑色指甲油将下面两个方块填充均匀。

8 待指甲油干后上一层亮油能够提升色彩饱和度，也能让甲片图案更持久。

小贴士

简洁大方的几何图案能够传递出你的内敛以及沉稳，中性色调也能给你的气质加分，面试的时候选择这款美甲最合适不过了。

情人节约会 用色彩提升甜蜜度

赴约之前一定要用心地打扮自己，指甲是最不能忽略的部位之一，它能够展现出你最柔美细致的指间魅力。

色彩学法则

丰富的色彩搭配能够让甲片更有活跃感，运用深浅粉色搭配增添浪漫的甜蜜感，金色亮珠能够带来精致感。搭配浅黄色和淡蓝色的甲片，更有春天般的缤纷色彩，不使用过分修饰的花色，只突出色彩的搭配，能够让美甲更加清新简洁。

情人节约会甲面步骤分解

1　先用裸色的指甲油为指甲均匀地铺一层底。

2　待指甲油干了之后，再用紫色指甲油画出倒三角的形状。

3　用桃红色指甲油画连接紫色指甲油，整个甲面画出类似沙漏形状的色块。

4　沿着紫色图案的边缘，从左边往中间方向贴金属小珠子。

5　另一边也按照同样的方式将金属小珠子贴好。

6　再沿着桃红色图案往中心贴金属小珠子。

7　按照同样的方法把色块交接的"X"处都贴满金属小珠子。

8　待指甲油干后涂一层亮油，并在最中心的空口处贴上一粒金属珠子将四条线连接起来，图案会更持久。

小贴士

　　一款在情人节绝对夺目的美甲就这么简单地绘制出来了，在情人节的时候画上这款美甲与心爱的人一同约会绝对是吸睛的细节。

郊外远足　精致满分的诱惑力

郊游远足要展现自己最具活力和开朗的一面，指尖的魅力同样能够为整体造型加分，打造最精致的美甲伴随欢乐郊游吧！

色彩学法则

精巧的的蛋糕和花边一眼就能夺人眼球，立体的图案让甲片变得更加细腻精致，而亮泽的水钻则多了几分华美感，追求精致满分的美甲需要这样多元化的设计，水润的桃粉色更是带有少女的活力气息。

郊外远足甲面步骤分解

1 先用玫红色的指甲油为指甲均匀地铺一层底。

2 待指甲油干后，用白色指甲油在甲片中心画一个椭圆形。

3 用玫红色的指甲油画出一个类似梯形的图案作为蛋糕杯。

4 再用雕花笔画出蛋糕奶油的轮廓，线条一定要细。

5 在画好的奶油上面，用巧克力色画一个蝴蝶结装饰。

6 再用巧克力色指甲油将蛋糕杯勾边并画出褶皱细节。

7 再在蝴蝶结下方画一个小爱心作为蛋糕的装饰物。

8 最后用白色指甲油为椭圆形画出蕾丝花边。

小贴士

春季郊外远足因为有了指尖这一可爱的蛋糕心情变得更好更开朗，带着这可爱的蛋糕到郊外远足能增加甜美度和肌肤亮度。

同学聚会 内敛而优雅的时尚气息

同学聚会就像一场造型大比拼，严格要求自己的你当然不能在任何一个环节落后，那么一款内敛而又气质的美甲一定是不可缺少的。

色彩学法则

　　缤纷有致的色彩搭配就能打败单调的统一色泽，具有哥特风的神秘浪漫色彩，就像欧洲中世纪教堂的绚烂玻璃图案一般。而流畅的线条又带有现代的设计感，让整副美甲变得非常独特而有魅力。

1 首先用黑色的指甲油将图案的大致轮廓给标出来。

2 再按照前面的轮廓来填充粉色的指甲油。

3 用雕花笔蘸取黄色指甲油并且将其填充均匀。

4 按照同样的方式将蓝色的指甲油色块给填充饱满。

5 找到绿色指甲油应该涂的位置为它上色。

6 将剩下来的3个格子填满白色指甲油。

7 待填好色块的指甲油晾干后，用黑色指甲油修整色块边缘。

8 最后在最大的白色色块上写出"love"的字样。

小贴士

这款甲片既能体现沉稳大方的气质，又能展现活力，去同学聚会不仅好搭配衣服还能显示你卓越的品味。

5 春季美甲大揭秘

　　面对色彩缤纷的春季，指甲油想必你已经十分会搭配了，但总会出现难以控制的场面，我们不仅要教你选色也会为你解决这些美甲问题。

春季美甲问答 ■ ■ ■ ■ ■ ■

问：春季气候潮湿，手部肌肤容易过敏怎么办？

　　答：之所以会出现这个问题主要是因为春季湿度比冬季要大，所以细菌容易滋生，如果你的肌肤对环境比较敏感，那就非常容易在这季节里过敏产生绯红小点。尤其是混合敏感性的皮肤，在春天皮肤特别容易又红又痒，更可怕的还会出现脱皮症状。面对这样的问题，我们要给手部肌肤做快速补充能够深入肌肤底层的补水和镇定产品，与此同时我们还要增强保护帮助肌肤对抗外界的各种因素。选择指甲油也要选择比较放心的品牌或者无毒无味的水溶性指甲油，尽量做到每 2~3 天卸除指甲油，让指甲能够自由呼吸。

问：手部肌肤极其黯沉如何解决？

　　答：肌肤在经过了一个冬天的"折磨"后，看起来干燥、黯沉，毫无光泽，甚至还有些干纹在慢慢地滋生。这正是肌肤未摆脱晒后伤害的表现，虽然是经过了一个冬天，不过手部肌肤仍然没有摆脱色素的困扰。要是让这种情况在即将到来的春夏继续下去的话，你的皮肤恐怕将陷入一个恶性循环。因此，请抓紧在春天这个转折时期想办法加速手部皮肤的代谢，多用去角质以及护手产品将原来留有的细纹和干黄的皮肤完全扫除。

问：春季不干燥但指甲变黄或是容易断裂的原因是什么？

　　答：不能因为春季的指甲油色浅认为对指甲没什么侵害，实际上只要是指甲油都会有或多或少对指甲不好的成分在里面，如果在涂指甲油之前没有做好指甲的"打底"工作，长期如此，指甲就会变黄或者容易断裂。涂指甲油之前要涂上指甲底油，指甲油里的颜料会侵害指甲，使指甲变黄和易断的罪魁祸首，所以在涂上心爱漂亮的指甲油之前，千万不能忽视要先涂上指甲底油，它能保护甲面不直接被颜料侵害，如果你喜欢每天换着颜色涂指甲，底油的环节是绝对不能忽视的。

问：指甲短小女性的春季指甲油色选择有什么需要注意的？

　　答：其实指甲短小的女性最适合在春季涂指甲油了，因为这一季的淡粉色系是最适合这种短小甲面的，因为浅色系有着视觉膨胀的作用，它会让你的甲面看上去变大变长，双手的长度也会因此变得较为纤长。但是春季较深色的指甲油最好还是避免，因为深色在视觉上具有收缩效果，它只会使原本短小的指甲更加短小，一点如红豆大的指甲只让手指显得粗短，并且手部肌肤的颜色也会容易显得黯沉。

问：春季的指甲油很难干，有什么小技巧能够让指甲油速干？

答：如果你在涂完指甲油后就想迅速地做其他的事情并且不破坏表面，简直是天方夜谭。但使用些小技巧就能让刚涂完的指甲油轻松变干。一是可以用吹风机的冷风档将甲面吹干，但是这样容易使手部肌肤干燥；二是冷冻法，在涂抹指甲油之前先准备好一碗带有冰块的水，涂抹完指甲油之后将手放入冷水中，大约两分钟即可，这样指甲油就会基本干透而且保持得还会比较持久；三是快干喷雾，指甲油专卖店里一般都会有快干喷雾，可以顺便买一只，在涂抹过指甲油之后喷一点快干喷雾，可以迅速让指甲油变干。

问：如何让变黄的指甲恢复白皙？

答：指甲经过漫长冬季，已经被深色的指甲油侵害到变黄。到了春季我们要给指甲更多的呵护，可以用小苏打粉和双氧水自制甲面"漂白剂"，这样就能让双手指甲恢复白亮了。首先将 4 汤匙小苏打粉和两汤匙过氧化氢加入温水中，充分搅拌；然后将指甲变黄的双手浸泡在"漂白剂"中 1 分钟；再用适量小苏打粉轻轻揉搓指甲，就可以让因为涂指甲油变黄的指甲恢复白皙。

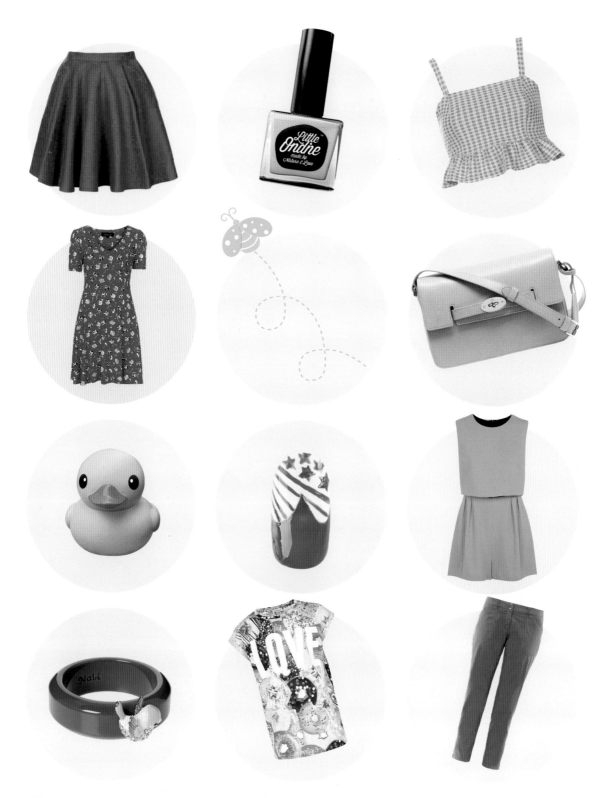

第三章 夏季

塑造灿烂多彩明亮甲色

　　热情洋溢的夏季，甲色也要更为出众！丰富多彩的颜色充满了生机感，如果你还保守地用着透明色，那可就输在了夏日时尚的起跑线上！大胆地玩转色彩，让你的指尖更出彩。

1 夏季甲色选择秘诀

夏季是一个色彩跳跃的季节，鲜艳的色彩会让人们在炎热的夏日心情骤然变好！掌握夏季甲彩秘诀，作为一个时尚潮人，你已经成功一半了。

水果红色系

夏日是水果的季节，从水果中提炼出来的色彩不仅能够提亮肤色，还会让人有垂涎欲滴的感觉，比如西瓜红、车厘子红都是当季的流行趋势。

✓ **最佳搭配色：** 葡萄紫 柠檬黄   ✗ **错误色系：** 黑色 灰色

水果的颜色会让人愉悦，它们搭配在一起也能传达出美好的心情。水果红色系搭配葡萄紫，适合偏成熟的女性也能体现一些俏皮感，而如果你本来就是比较活泼的性感女性，那么搭配柠檬黄再好不过了。

炎热的夏季就是需要用色彩的调色盘降低自己内心的燥热，黑色与灰色在小面积上搭配水果红色系的指甲油是允许的，但是所占比例太大会给人更加闷热的感觉，夏季还是建议选择清爽色系这类的安全牌。

橙黄色系

橙黄色系更像夏季的阳光，是一个在夏天不得不选择的色系。从柠檬黄到橘黄都是充满维生素 C 的色彩，既健康又充满活力，搭配夏季的服饰刚刚好。

✓ **最佳搭配色：** 咖啡色 晴空蓝   ✗ **错误色系：** 普蓝 姜黄色

想要沉稳又不失活泼感的美甲效果可以选择橙黄色系搭配咖啡色；相反，表达活泼开朗的美甲搭配晴空蓝最合适不过，就犹如夏日万里晴空下的向日葵一样灿烂。

黄蓝这组相反色，如果调配不当就会让整个甲面看起来很邋遢，比如橙黄色搭配黑色偏多的普蓝。而姜黄色虽然与橙黄色都算是黄色系，但是同样含有较多的棕色和黑色成分，两者结合也会显得不干净。

亮蓝色系

在夏季蓝色也十分受欢迎。电光蓝和晴空蓝就是蓝色系的代表，它们鲜艳的色彩最能表达热情洋溢的夏季风情。

✓ **最佳搭配色：** 桃红色 大红色

✗ **错误色系：** 豆沙红 黑色

既然选择了亮蓝色系就应该大玩撞色波普风，可以选择同样明度与纯度都很高的桃红色或者大红色的指甲油搭配，各种抽象的几何图案最适合这类色系搭配的指甲油彩绘。

沉闷的色系搭配在夏季一点也不推崇，除了特殊场合所需。用亮蓝色搭配豆沙红和黑色给人进入冬季的错觉，搭配夏装不仅会突兀也给人难以呼吸之感。

糖果色系

缤纷的糖果色系是近几年兴起的色彩，不仅运用于服装，就连指甲油也要求糖果色系的加入，糖果粉、流沙紫等都成为夏季最受欢迎色号。

✓ **最佳搭配色：** 薄荷绿 蒂芙尼蓝

✗ **错误色系：** 军绿色 墨蓝色

糖果色系之间就能够互相搭配，如果觉得这样太没新意，可以选择马卡龙色系，薄荷绿等这些小清新的色彩会让你的美甲看起来秀色可餐。

军绿色和墨蓝色这类比较黯沉的色系，一是在风格上就不能统一，二是颜色搭配明度落差太大，所以同时出现在一个甲面上尤为不合适。

夏季服装与甲色搭配方案

面对热到头晕的夏季，着装上一定要做些改变来改善自己的心情。不论任何季节那种让人眼前一亮的感觉都离不开色彩搭配，夏季也不例外。有些艳丽的色彩你不敢尝试穿着，可以用指甲油代替着装，这些小小的改变也会让你有一个好的心情。

西瓜红

西瓜红相对夏日的火辣的太阳更让人舒服，不刺眼的明媚色系就像西瓜一般清甜可口、水润多汁，配上这颜色的指甲油能让肤色更好。

车厘子红

从车厘子上提取的颜色和车厘子如出一辙，它可以很成熟典雅，也能活力十足，就像车厘子能够延缓衰老又充满丰富的维生素一样让人不可抗拒。

橙黄

黄色是最活泼的色系，橙黄或许没有荧光黄那么张扬，但也能让人心情愉悦，它就是夏季里的向日葵，灿烂亮眼。

电光蓝

　　电光蓝是最近 T 台上兴起的一种颜色，它既不像大红大绿那样刺眼，也没有黑色那样沉闷，这种不深不浅的色调吸引了许多人的喜爱。

糖果粉

糖果色、马卡龙色以及冰淇淋色都是夏天大热的色系，而糖果粉是里面最常见的一种，因为它足够甜美也足够有女人味，所以十分受欢迎。

钻玫红

钻玫红虽然明度很高，但也没有荧光色那么高调，它能把女性的柔美与俏丽体现得淋漓尽致。

实用策划夏季最受欢迎的美甲图案

糖果粉 做一个绚烂甜美的夏日少女

糖果粉

糖果粉比樱花粉多一点明亮和跳跃感，没有那么温和柔美，反而是像夏天一般胜放得绚烂甜蜜。

色彩学法则

依然带有甜美感的糖果粉还是逃不掉稚嫩的气息，但是搭配黑色的线条和白色的蝴蝶结，能够让它变得有女人味，而运用绿色的蝴蝶结进行撞色搭配，同时甲片不做过多的修饰，反而让糖果粉变得更加利落清爽。

糖果粉色系甲面步骤分析

1 用糖果粉指甲油将蝴蝶结的大致形状描绘出来。

2 再用薄荷绿色的指甲油画一个相对糖果色蝴蝶结较小的蝴蝶结。

3 将画好的两个蝴蝶结晾干后再涂上一层色彩让它们更饱满。

4 用雕花笔蘸取黑色指甲油，为糖果色蝴蝶结画出轮廓。

5 将蝴蝶结的两边用黑色描边后，等待它干。

6 然后再在中间画上一个圆圈，作为蝴蝶结的中心。

7 再用更细的雕花笔画出蝴蝶结的褶皱，让它更细致。

8 用同样的方法画出薄荷绿色的蝴蝶结细节。

小贴士

一款两个大蝴蝶结相叠的美甲图案能够勾起不少女的迪士尼梦，它可以像公主一样可爱自然，也能像米奇一样俏皮活泼。

西瓜红 享受最夏天的色彩与甜度

西瓜红

如果说西瓜是最夏天的水果，那么西瓜红就是最能体现夏天的颜色，鲜亮的色泽甜美而又活泼。

色彩学法则

迎面而来的火红感，却不会觉得过于张扬或是俗气，四指全涂染的甲片，搭配一只白底西瓜红蝴蝶结，让美甲更加特别。火热的夏天就大胆地享受西瓜红的魅力吧，让指间也盛放夏日活力。

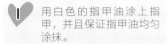

1 用白色的指甲油涂上指甲，并且保证指甲油均匀涂抹。

2 待白色指甲油干后，用红色的指甲油画出一个圆点。

3 以圆点作为蝴蝶结中心画出蝴蝶结的翅膀。

4 按照同样的方式再画一个蝴蝶结图案。

5 在指甲边缘画出蝴蝶结的残缺部位，让甲面更丰富。

6 先用黑色指甲油将蝴蝶结中心描边。

7 然后画出蝴蝶结的其他轮廓线，尽量让黑色边同样粗细。

8 最后将蝴蝶结的褶皱画出来，让美甲更精细。

小贴士

西瓜红色指甲油打造的蝴蝶结款式带有些复古的气息，正因为这个饱和度极高的色彩，夏日的心情才会像西瓜一样甜蜜。

雅橘色 优雅度十足的清新美甲

雅橘色

橘色带有柔和的温度，而雅橘色则更有个性更烂漫，比红色要温和一些，比黄色要热烈一些，雅橘色的魅力独一无二。

色彩学法则

就像香甜蔬果一般的色彩搭配，清新利落的线条，以白色作为底色，使得甲片更加干净利落，雅橘色、白色、蒂芙尼蓝的搭配使美甲带有夏日的清甜气息，而增添水钻则多了几分精致华丽感。

 1　在涂指甲油之前，可以先为指甲做打底工作，这样能保护指甲。

2　待营养底油干了以后，可以先薄薄地涂一层白色指甲油。

3　一般第一层白色指甲油都会不均匀，所以要再涂一层让甲色均匀起来。

4　用雕花笔蘸取绿色指甲油，画一条竖的大约1毫米宽的线条。

5　再用雕花笔蘸取雅橘色指甲油画出相等宽度的横线。

6　然后调整好笔尖画一条纵向的雅橘色细线。

7　最后画出相同细度的绿色横向直线。

8　待指甲油干后涂一层亮油，能够提升色彩饱和度，也能让甲片图案更持久。

小贴士

纵横交错的线条让甲面看起来虽然简洁但不简单，指尖透露出一种典雅大气的气质，这款美甲更适合职业女性。

橙黄 宛如夏日炫彩夕阳般灿烂

橙黄

　　暖色调的橙色，能够让夏日多一份柔和的安静，但是同样能够带来明快的鲜亮感，让指间变得更加可爱。

色彩学法则

　　清晰利落的色泽搭配和线条，让甲片有着非常干净、明亮的视觉效果，橙黄色和果绿色搭配呈现出夏日的缤纷感，黑色让甲片变得更有质感，橙黄的小花朵以及小圆点又带着几分少女的可爱气息。

1 用白色的指甲油涂指甲，并且保证指甲均匀涂抹。

2 待白色指甲油干后，用橙黄色指甲油画出 3 片花瓣的形状。

3 用雕花笔蘸取黑色指甲油将花瓣的边修好，画出黑色轮廓。

4 在指甲尖部分画出半圆形，相当于半个花蕊。

5 再用黑色的指甲油画出一个更小的半圆形花瓣。

6 中间的花瓣是相对旁边那个小花瓣要大些。

7 用同样的方法将第三个花瓣画出。

8 最后用点花笔在白色指甲油上方点出黑色波点。

小贴士

橙黄色打造的花瓣美甲，犹如夏日夕阳般灿烂。它能体现出女性的开朗阳光，故也受到不少女性的喜爱。

电光蓝 清冽质感的夏日"灭火器"

电光蓝

　　电光蓝以它独有的冷酷感，为夏日带来一股清冽的滋润，跳跃在指尖的冰凉快感浇灭夏日的至辣热火。

色彩学法则

　　曲线和直线的搭配总能造就更炫目的图案，条纹、五角星、心形的混合运用，使得美甲更有特色，也更具街头感和时尚气息，用清冽的电光蓝和西瓜红相搭配，让冷色调和暖色调相融合，更能打造出别样的色彩感。

电光蓝色系甲面步骤分析

 1 用白色的指甲油涂指甲，并且保证指甲油均匀涂抹。

2 待白色指甲油干后，用电光蓝色的指甲油将白色的指甲油涂成爱心状。

3 用雕花笔蘸取红色的指甲油从上至下画出斜线。

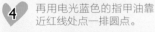

4 再用电光蓝色的指甲油靠近红线处点一排圆点。

5 留些许间隔将第二排圆点画好用于确定星星的位置。

6 将波点大致地改成五角星的形状。

7 再将五角星扩大一些，并且描绘出星星尖角的细节。

8 按照同样的方法画出剩下的五角星。

小贴士

圆形甲片能让双手看上去更纤长，而美国国旗元素能将电光蓝这一时尚色彩演绎得更为到位，喜爱时尚又酷酷的女性可以考虑选择这一款甲片图案。

荧光粉 轻松驾驭高调色彩

荧光粉

荧光色系十分张扬，不是每一个人都能驾驭得了那么高调的色彩。但是如果色彩搭配得当，就可以轻松驾驭荧光色。

色彩学法则

抢眼的金色亮片让美甲带有华丽的视觉感，用高调甜美的荧光粉搭配它，两者相互映衬更加完美，再画上金色线条与白色蝴蝶结，细致而又甜美。

 将整个指甲的 1/2，然后用荧光粉填满带有指甲尖的那一部分。

 将剩下的 1/2 甲面再分成两份，并且在中间那一份涂上银白色。

 用白色勾线笔将荧光粉与银白色指甲油的交汇处勾勒出白边。

 再用金色将银白色块另一端勾勒出来。

 在荧光粉块上先画出蝴蝶结的一个小翅膀。

 再画出另一边，像横过来的"8"字型一样。

 再用白色指甲油画出蝴蝶结的丝带。

 在丝带尾部画出开支的小撇，让蝴蝶结更生动。

小贴士

荧光粉是一种很梦幻的颜色，搭配银白色指甲油更有童话色彩。这款美甲可以搭配任何甜美公主系的服装。

车厘子红 气质满分的深沉女王

车厘子红

深沉的色彩有着别样的气质，车厘子红的浓重色彩带有独特的魅力，强大的气场让夏天的燥热也不敢太猖狂。

色彩学法则

细致的格纹图案让整副美甲充满别致气质，红色与黑色的经典搭配，再加上金色的混合，让整体色泽的质感更加提升。而黑桃和梅花的图案，搭配金色的亮珠，可爱个性又不失精致感，这款美甲气质满分。

 先用车厘子红色的指甲油均匀地涂满整个甲面。

2 从指甲尖开始画一条大约1毫米宽的黑色横线。

3 按照同样的方法将甲面分成3份，画出黑线。

 再画出两条纵向的同宽度的黑线条，两条线中间间隔要大些。

5 在粗的两条竖线中间靠右的位置画出一条细线。

6 用同样的方式为指甲画出横向的两条细线。

 沿着3根较粗的横向黑线画出银白色的细线。

8 也同样为竖向的黑色粗细旁装饰两条银白色细线。

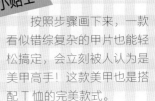

小贴士

按照步骤画下来，一款看似错综复杂的甲片也能轻松搞定，会立刻被人认为是美甲高手！这款美甲也是搭配T恤的完美款式。

85

钻玫红 灼灼其华的明媚光彩

钻玫红

就像鲜花盛放的姿态一般明媚的色彩，鲜亮愉悦，让整个夏天都不会单调，钻玫红的魅力是任何红色都无法取代的。

色彩学法则

明亮的色彩非常引人注目，因为色彩有着足够的鲜亮度，在花式上就不需要进行过多的修饰，金属质感的亮片能够提升整体甲片的质感，让美甲不那么单调，而一只甲片的格纹图案能够调和整体的涂染色彩。

钻玫红色系甲面步骤分析

 1 先用糖果粉色的指甲油均匀地涂满整个指甲面。

2 再用钻玫红色的指甲油画出长方形的色块。

3 再在左下角画出一个面积较大的长方形，但是不能超过中线位置。

 4 搭配裸橘色系的指甲油挨着钻玫红的色块画出一个长方形色块。

5 用雕花笔在指甲中缝位置画出中线切割甲面。

6 沿着右上角的钻玫红色块画出一条黑色分割线。

 7 同样的方法将右上角的黑色分割线也画出来。

8 最后画出裸橘色色块的黑色分割线，让甲面完整。

小贴士

相同色系不同饱和度的色块组成的甲片，传达出一种简约美，炎热的夏季不需要太复杂的图案，也不需要太丰富的色彩也能绚烂起来。

泳池玩水 释放活力的最高分贝

夏日炎炎就该在泳池里享受水的清凉和舒适，释放全身活力毫无拘束才是最佳状态，清凉美甲让你在释放中也保持细致美丽。

色彩学法则

清冽的蓝色立刻赶走夏日的燥热，小巧的五角星让甲片变得更加可爱，使用黑色调来勾画五角星，能够让整体色泽加深而更有质感。而银色的甲片则调和了整体的色泽，让美甲更加协调、精美。

1 先用天蓝色的指甲油均匀地涂满整个指甲。

2 用雕花笔蘸取少量的黑色指甲油在指甲边缘画出黑边。

3 用同样的方法也为指尖处画出黑边并且要比之前那一条粗。

4 先画出五条细线，也就是大致的五角星框架。

5 再根据刚刚画的框架将五角星填充细致，画得更为饱满。

6 按照同样的方式，慢慢地将星星一颗颗地画出来。

7 指甲上大致分为3排星星，画的时候注意对齐且间隔均匀。

8 最后把右边一排的星星给描绘出来即可。

小贴士

　　蓝色指甲油与夏日的天空和泳池互相呼应，加上活泼的五角星图案，在泳池边玩水"来自星星的你"一定备受瞩目！

海岛旅行 异国风情的最佳诠释

每个女孩在旅行时都会带上自己最好的装备，这样才能留下最美的印记，而美甲也是必不可少的配备。

 色彩学法则

缤纷的色彩呈现出多姿的异国风情，细腻流畅的线条让美甲看起来非常精美。西瓜红和柠檬黄的主打色调让美甲具有热烈的夏日气息，几何线条、圆点、蝴蝶的运用让美甲丰富多姿，金色亮片则让美甲更有质感。

1 先用橙黄色的指甲油均匀地涂满整个指甲。

2 再挑选正红色的指甲油在甲面中间画一个长方形。

3 用天蓝色的指甲油在指甲两端画两条蓝线。

4 用雕花笔在正红色长方形上画出两条天蓝色细线。

5 然后沿着天蓝色的细线，两旁用雕花笔点出白色的波点。

6 在甲面中心用蓝点标注，然后在蓝点左边画一个旋转的爱心。

7 按照同样的方法，将右边的爱心也画好，形成对称图案。

8 在每颗爱心旁点上蓝色圆点，要比中心点略小一些。

小贴士

这款美甲颜色鲜艳，极具波西米亚风情，是海岛旅游不可或缺的元素之一，就算你没买到波西米亚长裙去海边度假，这款美甲也足够展现你迷人的风情。

夏夜约会 为细腻加分的最佳利器

一副干净漂亮的指甲能够为你的整体造型加分，让对方感受到你的细致和美丽，让夏日约会更加甜蜜。

色彩学法则

精致的花纹令美甲具有别样的精致美感，柠檬黄非常适合夏日的气氛，搭配白色的细致花纹，整体色泽清新明亮，而其中绿色和红色的点缀让整副美甲更有色泽感，再搭配水钻让整副美甲惊艳满分。

1 ♥ 先用柠檬黄色的指甲油均匀地涂满整个指甲。

2 ♥ 用雕花笔在指甲中心靠下的位置画一个红色波点。

3 ♥ 沿着红点，用白色指甲油画出放射状的花纹。

4 ♥ 在放射状的花纹下方画一条弧度较大的波浪线。

5 ♥ 连接前面的弧形图案画出一个类似葫芦型的图案。

6 ♥ 大致画好外轮廓后，先将图案画得更细致。

7 ♥ 用蒂芙尼蓝的指甲油在图案两边添上小色块。

8 ♥ 在图案的上方贴上一颗水钻即可。

小贴士

柠檬黄的色调就像夏夜里的萤火虫，浪漫而又神秘。佩戴这一款美甲在夏夜约会，穿上仙仙的纱裙一定会让你的另一半更加欣赏你。

生日派对　在欢乐中尽情的缤纷多姿

欢乐热闹的生日派对，也会有人注意你的细致打扮，因此不能放松对自己的要求，美甲当然必不可少。

色彩学法则

多姿的造型立刻让整副美甲充满多姿多彩的视觉感，蒂芙尼蓝、天蓝、香芋紫、玫红的混搭，以及西瓜红和黑色的经典配色，从色彩上便缤纷多层。而线条、五角星、人物头像、字母的多种造型让美甲更胜一筹。

 先用天蓝色的指甲油填满指甲 1/5 处的位置。

2 再用西瓜红的指甲油画一个等面积的小长方形。

3 选择紫色指甲油，按照同样的方式填满它的位置。

4 再用西瓜红画出一个小长方形的色块。

5 最后用绿色指甲油填满剩下的空位，这样甲面就填满了。

6 待指甲油干后，用白线将色块连接部位覆盖起来。

 选择巧克力色指甲油先从指间的右边开始写英文。

8 按照同样的方式将剩下的左边的英文写好。

小贴士

鲜艳跳跃的色条以及简洁的英文字母，让这款美甲有了更时尚的美感，带着它去参加派对时尚度大增。

5 夏季美甲大揭秘

夏季换装速度快，美甲的速度也会随之加快。但一些美甲上的小问题以及手部肌肤的不良症状日益显现出来，提醒我们爱美也要注重保养。

夏季美甲问答

问：指甲越来越薄怎么办？

答：夏季如果频繁美甲，会让指甲长时间没法和阳光及空气产生化学作用，指甲就会变得越来越薄。其实，要想拥有健康的指甲，只需要记得，磨完指甲后一定记得要涂质量好的营养油，有时间的话要按摩至吸收再涂指甲油，隔几天只涂营养油让指甲休息。在涂指甲油的时候，也要注意不要涂得太厚。

问：如何通过饮食调理增添指甲营养？

答：指甲如果能有丰富的营养，也会长得好又健康。这需要充分摄取富含维生素 A、维生素 E 及锌、硒的食物，如绿色蔬菜、瓜果、鸡蛋、牛奶、海产品、杏仁、胡萝卜等，以避免肌肤干燥。此外，还应注意钙、铜等营养素的摄入，因为身体一旦缺钙、缺铜，会引起指甲无华、脆弱易折断，影响双手健美。钙含量高的食品有：奶类、豆类制品、海产品、绿色蔬菜；富含铜的食品有：动物肝脏、贝类、硬果类、豆类制品及深色蔬果。

问：手指容易起倒刺这是什么原因所致的？

答：指缘周围总是有倒刺，死皮按时去掉了又猛地涨回来，这是由于末端血液循环不畅的原因。指甲根部聚集了众多微血管，当体内血液变浓时就很难通过这些细小的微血管，会导致指甲根部的皮肤因血液循环不畅而脱皮或者翻翘。这时候可以多做些手部按摩，或者是多运动一下手指，让指甲根部的血液循环顺畅起来，这些小问题自然也迎刃而解了。

问：夏季怎么预防慢性甲沟炎？

答：夏季炎热，肌肤很容易产生不适，是甲沟炎高患病率的季节。平时爱护指甲周围的皮肤，不使其受到任何损伤，指甲也不宜剪得过短，更不能用手拔"倒刺"。木刺、竹刺、缝衣针、鱼骨刺等是日常生活中最易刺伤甲沟的异物，参加劳动或忙于家务时，应格外小心。平时注意手指的养护，洗手后、睡觉前擦点儿凡士林或护肤膏，可增强甲沟周围皮肤的抗病能力。手指有微小损伤时，可涂擦 2% 碘酒后，用创可贴包扎，以防止发生感染。

问：如何正确使用洗甲水？

答：有些女性在卸甲方面十分没耐心，遇到难卸掉的甲面就反复地用力摩擦，其实这是一个很不好的习惯。尤其是那些洗甲功效比较显著的产品，用它猛擦甲面，会使甲面变得黯淡、无光泽，甚至直接变薄。正确的做法是，将蘸了洗甲水的化妆棉压在指甲上 5 秒钟，指甲油自然就脱落了，如果尚未清除干净，可以再重复以上的动作直至清洗干净，最重要的是不要选择劣质的指甲油，夏季挑选的指甲油质地也应该相对轻薄些。

问：夏季手部肌肤变得很黑搭配指甲油很不好看怎么办？

答：到了夏季，紫外线强度相对增加，这时候不仅要注意脸部以及身体肌肤的防晒，手部也是不可忽略的部位，并且不要因为夏季流汗多，手部肌肤很湿润，就摒弃了护手霜，其实这是很错误的观念。夏季护手霜可以选择质地较为轻薄的天然成分的护手霜，且出门一定要提前擦好防晒霜，如果手部肌肤被晒黑了可以用过期牛奶洗手以及给手部做手膜，补充水分以及美白成分注意防晒，细心呵护双手，夏季才能拥有水嫩白皙的纤纤玉手。

第四章 秋季
打造美轮美奂质感美甲

　　硕果累累的丰收季节，美甲的色彩不一定是金黄的。说起秋季，也不要误以为只有大地色才适合这个季节，一些色彩鲜艳的指甲油能够让你干燥的肌肤重获新生！放下千篇一律的大地色系，搭配新的色彩让悲凉秋季变为有生机的春季。

1 秋季甲色选择秘诀

秋季因为有了缤纷的美甲加入，让这个色彩单一的季节不会因为一季落叶而变得暗淡。

暖铜色系

秋季肌肤容易干燥黯沉，挑选类似流沙铜这种暖金属色系作为指甲油重点，淡淡的金属光芒能够解决秋季皮肤的通病，让肌肤恢复白皙光泽。

✓ **最佳搭配色：** 冷峻灰 黑色

✗ **错误色系：** 银白色 中国红

想要铜色系变得有质感就要选择比较深沉的颜色，例如冷峻灰或者黑色，它们会更加突出金属的光泽以及质感，让你的甲片看起来十分有品味。

银白色本身就带着闪耀的光泽，当这两种颜色相遇会让美甲十分刺眼，从而降低指甲油本身的质感；而铜色系如果搭配了中国红，除非是过年期间会显得喜气洋洋外，其他季节使用则会显得十分俗气。

大地色系

大地色系的指甲油好比秋季的色彩代言人，因为它的色调非常契合秋季的主调，所以大地色系在秋季被运用得及其广泛。

✓ **最佳搭配色：** 祖母绿 深浅驼

✗ **错误色系：** 电光蓝 钻玫红

想要将大地色系的色彩玩转得很有生机，就需要搭配绿色系的指甲油，祖母绿这类比较偏暖色的绿色是配上大地色系最和谐的绿色；而深浅驼色本身就属于大地色系，用它们可以打造美轮美奂的渐变美甲款式。

电光蓝和钻玫红这类纯度很高的指甲油如果与大地色系相搭配不仅不会达到活泼的效果，还会让颜色变得很不相融，让指甲油没有体现出它们该有的质感。

高级灰色系

灰色是最能突显质感的一种指甲油色，它作为中性色调能够与其搭配的指甲油色及其广泛，在秋季这个讲究质感的季节，不能错过的指甲油色彩非高级灰色系莫属。

✓ 最佳搭配色： 黑色　香芋紫　　　　　　　**✕ 错误色系：** 亮橙色　荧光黄

黑白灰三色的经典搭配无可厚非，黑白两款指甲油不仅能够突显高级灰的质感，也能显示你姣好的品味；而浪漫的香芋紫搭配高级灰色系的指甲油会让这种冷峻的色系多了些许迷人的女人味。

灰色虽说是中性色，但是在搭配时还是要多加小心。例如亮橙色、荧光黄这类与灰色系跨越了几个甚至几十个明度的色彩还是避免为妙，除非是小面积的运用，要不会显得整个甲面非常不和谐。

黄绿色系

类似祖母绿、墨绿等这些偏暖的绿色调被视为秋季的生命色系，它们能够让人忘记秋季的萧瑟，也会叫人期待春季的到来，在秋季看到这样的绿色指甲油是十分养眼的。

✓ 最佳搭配色： 摩卡色　姜黄色　　　　　　**✕ 错误色系：** 复古红　豆沙红

因为绿色片暖色调，所以些许都会有点黄棕色的成分在里面，搭配摩卡、姜黄色的指甲油会非常和谐且倍感舒适。

黄绿色系的指甲油搭配不当会很容易给人很脏且很没质感的感觉，本来绿色和红色这组颜色相搭就很不合适，如果黄绿色系的指甲油再搭配复古红或者豆沙红这类比较暗的红色系，不仅不会让肌肤变得晶莹剔透，还会将肌肤黯沉问题放大。

2 秋季服装与甲色搭配方案

秋季肌肤容易黯淡深沉，不妨来玩一场色彩游戏，让衣着和美甲来提亮你的肤色，就算在干燥的秋季肌肤也能光彩夺目。

祖母绿

比薄荷绿降一个调子的祖母绿在秋季更为适合，它相比枯黄的秋季更有一丝生气蓬勃的感觉，而搭配低调的大地色也不会觉得刺眼。

靛蓝

靛蓝像是秋季的夜空，静谧深邃。它相对电光蓝的个性张扬，低调内敛的气质更受成熟女性的欢迎；此外，靛蓝也带有复古英伦的气息。

薰衣紫

一听到薰衣紫先是一股浪漫的普罗旺斯气息扑鼻而来，看到这一抹紫色时也会让人心生爱慕，这就是浪漫而又充满香气的神秘女人色。

中灰

中灰是最经典的中间色，或者暖心或者冷酷。没有一个色调能将商务与休闲、温柔与帅气演绎好的，除了中灰色。

摩卡色

摩卡色起初看上去不是那么显眼，但它是一杯味道香醇的咖啡饮品，白色与棕色结合得刚刚好，就犹如奶与咖啡的比例是那么恰到好处，耐人寻味，是一种不朽的经典色。

朱古力

朱古力色调带着些许的调皮气息，但也能扮演内敛的角色，就犹如秋季，有着萧瑟的秋风，但也有慵懒的阳光。

3 实用策划秋季最受欢迎的美甲图案

豆沙红 千鸟格打造秋日超气质女王

豆沙红

经典的千鸟格图案重新回到时尚舞台的视线，美甲作为时尚敏锐度极高的装饰，经久不衰的千鸟格图案美甲一定不能少。

色彩学法则

豆沙红是秋日最抢眼的色彩，它不像西瓜红那么闪耀明艳，也不及公爵红那么低调，恰到好处的色调使得萧瑟的秋季有了新的气息。而经典的千鸟格图案以及尊贵的美甲配饰，气质显著提升。

豆沙红色系甲面步骤分析

1 用白色指甲油将指甲的 3/4 面积涂色，并且用豆沙红色指甲油画方块。

2 按照一样的方法将中部的 3 个小方块画好，最好每个间隔相等。

3 中间的小方块画好后，将其左右两边的方块画好。

4 这时候将方块两边的翅膀画出来，线条尽量要细。

5 在正方形小块的右上角画出千鸟格的嘴部细节。

6 用镊子取一颗中号的珍珠贴于中间的千鸟格纹样上。

7 珍珠贴好后，再贴两颗小号的金属珠子于珍珠两旁。

8 按照同样的方式将左右两旁的珍珠贴好。

小贴士

千鸟格图案看起来复杂，但只要按照分解步骤描绘，就能将最时尚、最经典的纹样搬上指甲，搭配职业装或是休闲装都轻而易举。

祖母绿 条纹碎花让祖母绿不显老

祖母绿

说起祖母绿总给人一种祖母级的老气之感，但只要遇上合适的图案，祖母绿的指甲油不只有上了年纪的女性才能拥有，它也同样能玩转俏皮甜美风格。

色彩学法则

如果只把十根手指涂上祖母绿一定会让人略显老气，但融入了条纹、樱花、英文字母等元素，这个甲面就有了翻天覆地的变化，你会爱上这种既高贵又俏皮的风格，它的百搭度也不必多说。

1 先用晴空蓝的指甲油将整个甲面的 3/4 填好。

2 再选择白色的指甲油将甲面空白的地方填满。

3 用樱花粉色的指甲油将樱花花瓣大致刻画出来。

4 按照同样的方式，把剩下的残缺的樱花花瓣画出。

5 用白色指甲油在花瓣中间画一个圆点当作樱花花蕊。

6 用祖母绿色的指甲油将樱花的叶子描绘出来。

7 再用雕花笔取适量的樱花粉色指甲油在蓝白相接处画出细线。

8 最后用祖母绿画条纹，每条条纹尽量间隔一样并且粗细相同。

小贴士

就算落叶的季节没有过多的生机，但指甲上的樱花能够给人带来活力以及希望，秋日做这款美甲不仅时尚百搭，也能瞬间充满元气。

靛蓝 明朗天空下的元气少女

靛蓝

靛蓝与亮天蓝不同，内敛沉稳的色调让秋季如同深海一样迷人，水手图案能够滋润心灵，觉得秋季并没有那么干燥。

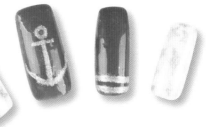

色彩学法则

银白色的加入使得甲片更加闪耀动人，也让低调的靛蓝色有了些许迷人的光彩，水手风格的招牌船锚以及星星让甲面熠熠生辉，就算搭配简单的白色T恤以及蓝色牛仔裤也不会略显平庸。

靛蓝色系甲面步骤分析

1 在涂指甲油之前为指甲涂上营养底油会让指甲油色彩更亮丽。

2 待底油干之后，先涂一层白色指甲油打底，让靛蓝色更加出彩。

3 白色指甲油干后就能够将靛蓝色的指甲油均匀地涂上去。

4 一层薄薄的指甲油会透露出不均匀的纹理，所以再涂一层靛蓝色指甲油。

5 接着用雕花笔蘸取少量银白色指甲油，先将圆圈描绘出来。

6 然后再在圆圈的正下方画一条长于圆圈直径的横线。

7 在刚画好的横线中间垂直着画一条竖线，组成类似十字架纹样。

8 最后在竖线下方画一条长度适中的弧线即可。

小贴士

　　简约的蓝白水手风格会透露出你性格开朗的一面，就算没有夏日的浪花四溅，但这款带有船锚的美甲也足以让你将清爽感染到每个人。

薰衣紫　谱写普罗旺斯的浪漫情怀

薰衣紫

听到薰衣紫，就仿佛一阵秋风将薰衣草的香味吹来，是一款极具浪漫色彩的香气美甲，它一定会是你爱不释手的款式。

色彩学法则

深浅紫色打造的美甲款式会更博得浪漫女性的宠爱，薰衣紫与香芋紫搭配神秘而又甜美，加上蕾丝纹样及甜美的蝴蝶结，这款美甲就是秋日里的普罗旺斯美景，让你仿佛置身于唯美宽阔的法国庄园之中。

薰衣紫色系甲面步骤分析

♥ 1 先用薰衣紫色的指甲油给甲面的 3/4 填上色块。

♥ 2 在第一层指甲油干后，再涂一层让颜色饱满鲜艳。

♥ 3 用雕花笔将平整的色块修出圆润的波浪形花边。

♥ 4 根据刚刚修出来的弧度，画上黑色的波浪线条。

♥ 5 沿着黑色波浪线，用点花笔点一排间隔相同的黑点。

♥ 6 再用雕花笔画一颗像水滴形状的白色线框。

♥ 7 按照同样的方式再画一颗，组成横向的"8"字。

♥ 8 最后在"8"字交叉处画出两条细线，蝴蝶结就完成了。

小贴士

这款美甲也是改良版的法式美甲款式，不仅拥有浪漫的色彩也涵盖最具女人味的元素，秋日搭配雪纺长裙和开衫轻松成为女神范儿。

115

流沙铜 奢华的古罗马风情

流沙铜

带着淡淡金属铜光泽的流沙同能够提亮秋季干燥黯沉的手部肤色，也拥有低调的奢华感，是秋季气质色中最有范儿的指甲油色彩。

色彩学法则

低调奢华的流沙铜色指甲油，用于打造古罗马风情最适合不过了。色彩鲜艳的色块仿佛古罗马笔画里的图案，它最有民族风情却也奢华极致，龟裂的色块不需要太多复杂的罗马花纹也能将这种罗马味道展现得淋漓尽致。

 用黑色指甲油画出龟裂状纹路，为色块规划好面积。

 将最大的色块分给流沙铜，并且均匀地涂上。

3 选择两块不相邻的色块，填上蒂芙尼蓝色指甲油。

 用同样的方式，也用天蓝色指甲油填满两个不相邻的色块。

5 再用雕花笔取适量橘黄色指甲油为最左边中部的色块上色。

6 再将四处面积较小的色块上满橘黄色。

 用玫红色将最后一个空白色块填满。

8 最后涂上一层亮油，让甲面光泽更饱满闪耀。

小贴士

不规则的龟裂纹用彩色的指甲油填满，因为有了黑线的镇压，让这些看似不着边际的鲜艳指甲油更为和谐，当然，流沙铜色的指甲油也有功不可没的作用。

中灰 职场女性最爱的干练格纹

中灰

因为职业场合的需求，很多爱美的女性会被着装以及打扮束缚，其中一定有热爱美甲的白领，这款简单干练的美甲能让你在职场穿梭自如。

色彩学法则

亮丽的颜色在严肃的职场里或多或少会给你的上司或合作伙伴带来轻浮的印象，而中灰色的指甲油打造的格纹美甲款式，不仅能够搭配工作套装也能为你干练精明的形象加分。如果你热爱美甲又苦于职业需求，这款美甲一定不能错过。

中灰色系甲面步骤分析

1 先用白色指甲油均匀涂满整个指甲面。

2 用黑色指甲油在甲面的右边画一个倒三角形。

3 再在指甲的右上角开始往左上方向延伸，画一个类似三角的中灰色块。

4 用雕花笔画出 3 条交错的黑线，形成格纹主体。

5 沿着黑线在它们周边分别画 4 条金色的细线。

6 再沿着画出的金线，画两条中灰色的细线，完成格纹的图案。

7 先将金属圆圈贴于甲面的右上方，固定好位置。

8 再将珍珠贴于金属圈内，并且沿着中灰色块边缘贴上金属珠子。

小贴士

只有黑白灰 3 种色调打造的美甲可能会有些单调，但是有金色指甲油的加入使这款美甲在突显干练气质的同时也显示出你的高品味。

朱古力 帅气随性的迷彩美甲

朱古力

从军队里传出的迷彩纹样拥有帅气迷人的一面，当它的配色改变，属性也在潜移默化地改变，从军事武装的属性变为时尚女性的利器。

色彩学法则

传统的迷彩是深浅军绿色组成的，这款美甲除了保留迷彩的原始图案，打破了传统迷彩的配色方案，鲜艳的色彩让迷彩少了严肃的军队气息，更多了一份时尚活泼的韵味，秋日搭配牛仔服或者T恤都非常出彩。

1 先用白色指甲油均匀涂满整个指甲面。

2 然后用黄色指甲油在指甲末端画出黄色横条。

3 将最下面那层朱古力色的指甲画出迷彩的一部分图案。

4 再用蓝色的指甲油画出第二层迷彩图案。

5 待它们干后，用靛蓝色指甲油画出迷彩图案。

6 将甲面空白部分用靛蓝色指甲油再画一个图案填满。

7 将画好的迷彩边缘细致，让迷彩图案看起来更自然圆润。

8 待指甲油干后涂上一层亮油能够提升色彩饱和度也能让甲片图案更持久。

小贴士

变了色的迷彩更具时尚杀伤力，色块重叠的部分显出的新色彩也会给人惊喜感，而它层层叠叠的层次感，让这款美甲更有魅力。

摩卡色 耐人寻味的午后甜点

摩卡色

摩卡色也算是大地色系的一种,但是它与其他大地色的区别就是温暖的色调让人忍不住想把它当口感香醇的摩卡一口喝下。

色彩学法则

甜美的摩卡色是秋季女性扮嫩的指甲油色首选,五彩斑斓的波点像是花式咖啡里的彩糖,白色指甲油就是咖啡醇香浓厚的关键——奶泡。这款美甲能够让肤色更显白皙细嫩,也为你的甜美度大大加分。

 1　先用摩卡色的指甲油均匀涂满整个指甲面。

2　然后用白色指甲油在指甲尖端画出月牙形图案。

3　接着用红色指甲油沿着白色色块边缘从右边开始画上波点。

 4　将雕花笔清洗干净，再蘸取黄色指甲油画上波点。

5　按照同样的方法将波点从右往左画出。

6　如果雕花笔画的波点不够圆润，可以用点花笔修改。

 7　再用黑色指甲油将爱心的基本轮廓画出来。

8　然后再给爱心框里均匀地填充满黑色。

小贴士

　　甜甜的摩卡色被简单的图案赋予了新的生机，这款美甲不仅制作简单，搭配也十分方便，甜美系服装是它的最佳伴侣。

下午茶叙 将精致午茶甜点搬到手上

秋季午后的暖阳总是让人眷恋，与三五姐妹一起喝喝下午茶，精致的甜点让你回味无穷，同时你精致的美甲也会让姐妹们羡慕不已。

色彩学法则

甜美的色彩搭配犹如点心里的马卡龙，而精致的格纹图案仿佛可爱的纸杯蛋糕，蝴蝶结则是蛋糕上的巧克力装饰，这款美甲会让你在下午茶聚会中获得掌声，再来一条甜美的连衣裙，就更完美了。

下午茶叙甲面步骤分析

 1 先用摩卡色的指甲油均匀涂满整个指甲面。

2 然后用糖果粉色的指甲油在指甲末端画出月牙形图案。

3 再用巧克力色指甲油在指甲尖端画出较细的月牙形状。

 4 用点花笔将花朵的5个花瓣以及大致位置点出来。

5 再用雕花笔将花朵的花蕊以圆圈的方式画出。

6 在花朵周边的空白处画出简单的雪花图案。

 7 用镊子将糖果粉边缘贴好4颗金属珠子装饰。

8 同样的方式在巧克力色边缘也贴好4颗金属珠子。

小贴士

这是款选色讲究的甜点级美甲。虽然没有直接使用蛋糕纹样，但能给人精致茶点的印象，带它去参加下午茶聚会一定能吸睛无数。

商务研讨 简约美甲让研讨会更加顺利

打破职场上一成不变的黑白灰配色，选择让人冷静的绿色系打造简约的美甲款式，以这样的方式出席研讨不仅气质出众，也会让参议人员更欣赏你的品味。

色彩学法则

　　简单的几何图案让浅绿色美甲不显浮夸，更多一份干练气息，而高端洋气的蓝色线条在衬托你姣好气色的同时，也能展露你超高的品味，再搭配简单的职业装，更多一份女性的柔美精致。

1. 在涂指甲油之前为指甲涂上营养底油会让指甲油色彩更亮丽。

2. 选择带有珠光的透明指甲油均匀地铺满整个甲面。

3. 用祖母绿色指甲油画出中间留一个三角形图案。

4. 待第一层指甲油干后，再涂上一层指甲油，让图案看上去更加饱满。

5. 用雕花笔蘸取适量的蓝色指甲油勾出三角形轮廓。

6. 然后用透明的珠光指甲油沿着蓝色细线再画一条珠光细线。

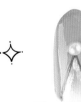

7. 用雕花笔取适量的胶水点在三角形尖端上。

8. 趁胶水没干，用镊子把珍珠稳稳地贴合于甲面。

小贴士

这款不花太多时间以及技巧的美甲更适合于职场女性，只需几分钟就能拥有气质出众的美甲，也为朴素的职业装增色不少。

闺蜜婚礼 专为闺蜜婚礼准备的浪漫美甲

出席闺蜜婚礼美甲一定也要配套，才能体现出你的在意以及你们多年的情谊，如果用迷彩款美甲出现在婚礼现场，那肯定非常不妥。

色彩学法则

　　粉色与白色系的美甲搭配甜美浪漫的礼服最为合适，而几颗水钻的装饰则像是婚礼现场的珠宝，让美甲更加闪耀尊贵。以这样的配色出席婚礼是最安全的底牌，百搭而又不会出错，也会让你在伴娘群中脱颖而出。

 先用粉色指甲油均匀地涂在指甲上。

 待粉色指甲油干后用白色画一个不规则色块。

 先用枚红色指甲油将白色突出的地方画上细线。

 按照相同的方向将细线在白色色块上画出。

 清洗好雕花笔后，蘸取少量蓝色指甲油在空白处画出细线。

 在白色色块边缘涂上一层亮指甲油，用于粘合水钻。

 先将3颗水钻紧密地贴合于指甲表面。

 最后再贴上两颗小珠子来丰富美甲。

小贴士

飘渺的细线犹如婚礼上轻盈的礼裙裙摆，粉白色与闺蜜的白色婚纱相互照应，既浪漫又甜美，最重要的是在这样的场合不会喧宾夺主。

血拼购物 时尚感十足的血拼美甲

秋季是一个收获的季节，对于女性来说也是一年一度让人期待的折扣季，特别是在冷热交替的特殊过渡季里，一定是女性血拼的狂欢节日。

色彩学法则

就算是血拼也要突显自己对于时尚的敏锐度，除了一身方便逛街的时尚搭配外，美甲也不能输。黑白条纹是最经典的时尚标志，加上红色的甲面以及爱心，则让你血拼日心情大好，让你对于购物信心十足。

 先用白色指甲油均匀地涂抹在指甲上。

2 再用红色指甲油在指甲尖端画出一个月牙形状。

3 用雕花笔点取适量的黑色，在甲面上画出粗细相同的4条条纹。

 条纹如果画得不直或者不够饱满，再用雕花笔修饰一下。

5 在指甲末端画出一条比竖条纹粗一点的横线。

6 在画爱心的位置先用白色指甲油将条纹覆盖起来。

 待白色的指甲油干后，再用红色指甲油画出爱心的框框。

8 最后将空心的爱心填充好颜色即可。

小贴士

黑白分明的条纹和红色搭配，让你在血拼购物试衣时适合与所有衣服搭配，无论酷酷的机车服，亦或甜美的连衣裙都毫无违和感。

5 秋季美甲大揭秘

　　秋季是手部肌肤最干燥的季节，如果保养不好也会影响到漂亮甲色的美观，这不是选对选好指甲油就能掩饰的问题，我们必须重视起来。

秋季美甲问答

问：秋季死皮增多，是否要做到一有死皮就要去除？

　　答：秋季由于天气原因，死皮的数量会显著增加，但是也不要随便增加为手部去死皮的次数，因为这会让手指皮质变得十分脆弱，容易感染细菌。正常健康的肌肤不需要特别进行去角质的工作，但当角质代谢较慢，甚至是肌肤生病的时候，除了让肌肤看起来肤色不均、黯沉、保水度不佳，就连保养品也不易吸收，就需要借助一些方法来去除早该剥落的老废角质。反之，过度去除角质也会造成肌肤伤害。

问：手指上的死皮会越剪越多吗？

　　答：死皮需要正确的剪法才能更好地保护手指，如果剪死皮的方法不正确会造成越剪越多的现象。面对那么多种的死皮剪，一定要选大小合适的。如果太小，就需要剪好多次才行，这样就可能会让边缘不平整，也会造成指甲开裂的可能。太大的死皮剪虽然可以一刀剪去，但是可能会剪伤边缘，一样不推荐使用。一般两次可以剪去指甲的大小是正好的。

问：秋季日常生活中如何呵护手部，减少死皮生长？

　　答：爱长死皮除了不正确的修剪情况外，不懂得呵护手部也是一个重要的原因。那么秋季日常生活中，我们应该怎样呵护自己的双手从而减少死皮的生长呢？首先每次洗手之后，在皮肤没有完全干的时候要及时涂抹护手霜；如果双手极干，可先涂一层厚厚的润手霜，然后包上保鲜纸，或者戴上橡胶手套，1小时后，保证双手滋润柔软；最后，秋季要注意不要让水分停留在手上，一定要及时把手擦干并涂上护手霜。

问：指甲油容易掉落怎么办？

　　答：秋季虽然气候阴冷干燥，指甲油相对容易变干，但也会很容易掉落。所以涂过指甲油的指甲一定要小心保护，尤其是需要我们用24个小时的时间才可以让指甲油完全的干透，虽然有时候会看上去已经干了，但是我们不小心碰到或者洗手都会导致擦花了。如果指甲油没有完全干透，我们不小心弄花了指甲，只要涂抹一些乳液轻轻地揉开就可以了，可以选择任何的乳液，主要起到润滑的作用。

问：秋季如何存放指甲油？

　　答：夏季时是要注意不能长时间将指甲油放在阳光下暴晒，而秋季则要懂得保持指甲油正常的黏稠度，这样指甲油用起来才会更均匀色彩更鲜艳饱满。当指甲油长时间不用，很容易变黏稠，况且指甲油也是有保质期的，所以太久会黏稠是正常的。建议偶尔打开指甲油盖子搅一下，然后盖上盖子摇晃一下，就不会太过沉淀。如果变黏稠了还想用，就添加点洗甲水或者指甲护理液，然后搅拌均匀就可以再次使用。

问：秋季手部肌肤纹理加深，选择怎样的指甲油色彩能够隐藏缺憾？

　　答：秋季天气干燥，肌肤容易堆积角质，不及时清理会让皱纹越发明显，就算是及时补救也不会立竿见影。面对手纹纹理加深以及手部黯沉等问题，用指甲油的颜色以及质感来掩饰秋季这一缺憾，更加便捷有效。避免选择会加大手部年龄效果的哑光指甲油，挑选大地色系以及浅色系漆光效果的指甲油就能轻松遮掩手部越发加深的纹理。

第五章 冬季

打造高贵迷人完美双手

　　银装素裹的冬季不要再让笨重的手套遮住你的纤纤玉手，将包裹严实的双手从口袋以及手套中解放出来！露出你美丽漂亮的指尖，让美甲热情继续延续，冬季势必要打造一季的高贵迷人完美双手！

1 冬季甲色选择秘诀

　　如果说秋季是一望无际的大地色系，那么冬季的银装素裹会让人觉得更加单调。挑选好冬季的指甲油色彩，让沉寂的冬季变得活泼跳跃起来。

裸色系

　　裸色系的指甲油会让冬季被冻得苍白的肌肤看上去比较健康，也会突显肌肤的水嫩度，所以在冬季出现会更为合适。

✓ **最佳搭配色：** 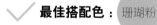 珊瑚粉　米白色

　　珊瑚粉和裸色系这两种色系都十分接近肤色且轻薄透明，它们相互搭配会在不经意间流露出含蓄的性感女人味；而搭配米白色这类素雅的色系，会让肤色更加白皙粉嫩。

✗ **错误色系：** 糖果粉　朱古力色

　　裸色十分百搭，被誉为"第二黑色"，它没有特定的错误色系，但是如果皮肤黝黑又比较黯沉的女性要十分注意裸色与糖果粉或者朱古力色的搭配，因为它会让皮肤看起来更黯沉、更憔悴。

红色系

　　除了黑色、咖啡色，公爵红和正红这样温暖又喜气的颜色也是冬季指甲油的首选，它能够让色彩单一的冬季变得活跃起来。

✓ **最佳搭配色：** 公爵蓝　珍珠白

　　有光泽的珍珠白能够让红色看起来十分有质感，也能够为肌肤增添必要的光泽感；而搭配公爵蓝透露出复古的气息，与冬天简洁的毛呢大衣搭配天衣无缝。

✗ **错误色系：** 橄榄绿 黄棕色

　　红色本是很洋气的指甲油色系，但是与橄榄绿或者是黄棕色的指甲油相互搭配则会让红色看起来很老土，十分影响个人品味。

紫色系

冬季盛行紫色系毛呢大衣，当然也少不了紫色系的指甲油。例如星空紫、贵族紫、莓果紫等紫色，都会在冬季出现在人们的视野里，它们也是承托肤色的首选。

✓ **最佳搭配色：** 宝石蓝 银色

✗ **错误色系：** 土黄色 芥末绿

紫色系和宝石蓝搭配是最能显示贵族气息的色彩组合之一，在冬季如果穿上奢华系的大衣可以考虑这组色彩搭配；而银色与紫色搭配会让紫色变得更加奢华有质感，也是紫色系指甲油最佳首选搭配的指甲油色。

紫色与黄色是相反色系，如果明度相同的情况下搭配还能有跳跃以及撞色的潮感，而搭配土黄色这类偏暗、偏棕色的指甲油会让紫色看上去十分廉价；紫色搭配芥末绿也会造成邋遢之感，所以在用到紫色系时最好避免这两种颜色。

金属色系

冬季的外套和大衣大多都是黑色或者灰色这类暗黑色系，为了点亮它们，很多配饰都会选择金属制作的，而略带金属光泽的金属色系指甲油也成为了冬季时尚的焦点。

✓ **最佳搭配色：** 黑色 裸粉色

✗ **错误色系：** 莓果紫 樱桃红

黑色是最能突出金属光泽的色彩，也是最百搭的指甲油色彩之一，用它搭配金属色系的指甲油不仅提高了时尚敏锐度，也无形中增加了酷感；如果你走甜美风又想尝试金属色系，建议搭配裸粉色，它不仅能让你甜美度依旧，还能给你更白皙粉嫩的肌肤。

金属色系属于比较冷峻且比较奢华的色彩，如果搭配纯度较高的水果色系，比如莓果紫或者樱桃红会给人格格不入的感觉，如果把想搭配紫色或者红色，换成高贵紫或者酒红色更为合适。

冬季服装与甲色搭配方案

　　凛冽寒风让冬季十分沉闷，无论是厚重的外套还是暗淡的色彩都会给人心里带来阴霾。冬季其实也是色彩控们发光发亮的季节，挑选好单品和指甲油来驱散冬天的迷雾吧！

裸色

　　裸色系的指甲油会让冬季被冻得苍白的肌肤看上去比较健康，也会突显肌肤的水嫩度，所以裸色在冬季出现会更为合适。

正红

也许有人会心生疑惑，正红那么艳丽的色彩不出现在夏季而是冬季？这或许与中国的新年有关，一个好彩头与一个好气色，正是冬季过年所需，因此正红在冬季也最受欢迎。

公爵红

公爵红相比车厘子红多了更多的黑色素，它更适合冬天，暗色调虽然厚重但也出彩，在突显服饰质感的同时也能更显尊贵。

公爵蓝

现在的公爵蓝不仅是英伦贵族的专属色，休闲的毛衣与廓型大衣上也出现不少公爵蓝的身影。当然，女性指尖的那一抹蓝更让人动心。

暗钻黑

　　暗钻黑不同于普通的黑色，它黑暗中带着些许的光芒，可谓是低调又华丽的颜色，比普通的亚光黑色更显气质与品位。

胜银色

近年来土豪金等金属色迅速流行，胜银色有它独特的光芒，金属般的光泽却不刚硬，有着胜银色的单品都时髦前卫，再加上个性的胜银色指甲油更完美了。

③ 实用策划冬季最受欢迎的美甲图案

裸色 轻薄透明演绎含蓄性感魅力

裸色

裸色色调来源于最自然的肌肤，因为与肤色接近，它轻薄而透明，用它来做美甲在不经意间就能流露出含蓄的性感魅力。

色彩学法则

裸色能够让肌肤更显透明白皙，加上蕾丝花边以及波点的点缀，这款美甲在冬季一定非常有魅力。就算是搭配暗色的厚重大衣，也会因为裸色的美甲而显得轻盈起来。

裸色系甲面步骤分析

1 先用裸色的指甲油均匀地涂在指甲上。

2 再用黑色指甲油在指甲尖端画出一个月牙形状。

3 用雕花笔点取适量的黑色，在甲面上画出蕾丝的波浪线条。

4 再沿着波浪线条旁在画一个相同的波浪线条。

5 在波浪线条上画出一组蕾丝小边的花纹。

6 按照同样的方法，从左到右画好蕾丝纹样。

7 在指甲面上点4个波点，上下和左右两个波点对齐。

8 最后涂上一层亮指甲油让指甲颜色饱满也更持久。

小贴士

裸色一直都是最优雅的指甲油色彩之一，它给予人柔美的亲和力，且耐看与时髦度的相互加持，不需要过多复杂的图案，一条温柔的蕾丝边恰到好处。

正红 冬日暖心热饮水果红茶

正红

正红色出现在冬季就是为了让沉闷的冬季出现一丝暖意，明度与饱和度都很高的正红能够很好地让冬日冻得苍白的肌肤显现出最好的气色。

色彩学法则

冬末春初，当冰雪融化春日暖阳袭来时，用这款美甲迎接大自然最美妙的季节变换，不仅能够稍微褪下沉重的大衣，换上比较轻盈的服饰，就连紧绷了一季的表情也要更换，正红色能带给人快乐、喜庆的感觉，画好这副美甲正能量增倍。

正红色系甲面步骤分析

1 先用白色的指甲油均匀地涂在指甲上。

2 接着用正红色的指甲油将周边不完整的樱桃形状画出来。

3 从周边开始画向指甲中心，樱桃的方向可以不同。

4 再用绿色的指甲油将樱桃的梗画出来，尽量保持粗细均匀。

5 在画好的樱桃梗上画出樱桃的叶子。

6 在刚刚画好的叶子中间画一条叶脉，让叶子更精致。

7 最好每组叶子都保持不一样的姿态。

8 最后用白色的指甲油在樱桃果实上点出高光，让它更立体。

小贴士

一款水果图案的美甲出现在冬日，就像暖心热饮一样能够温暖人心。在过年或是冬末时选择这个图案，会给人清甜的感觉。

公爵蓝 帅气复古英伦范儿

公爵蓝

　　现代潮流的圈子里公爵蓝不只是男士的专属，带着一丝的帅气硬朗味道的公爵蓝同样适合女性复古帅气的中性风。

色彩学法则

　　格子、米字旗、王妃等元素汇聚在美甲里并不会显得凌乱，反而有一种英伦风的复古帅气。王妃的典雅气质、格纹的干练沉稳、米字旗的象征标志，让这组美甲每一个手指都很精彩有看头，一股浓郁的英伦气息。

公爵蓝色系甲面步骤分析

1 先用公爵蓝色的指甲油均匀地涂在指甲上。

2 选择白色的指甲油在左上方画出白框。

3 再用雕花笔在白框下方画出白色的闪电形状。

4 蘸取黄色指甲油在指甲左边画出3个倒三角形。

5 再用红色指甲油画出类似圆形的图案。

6 在画好的白色闪电上画一个面积较小的黄色闪电。

7 在白色的对话框里写出"I ♥ UK"的字样。

8 将甲片的左半部空白部分用铆钉和水钻填上。

小贴士

元素多样化的美甲看上去更加丰富有趣，公爵蓝与红白黄的完美结合让这款美甲色彩更加艳丽，搭配牛仔衫或是绞花针织毛衣都是很好的选择。

星空紫 轻松玩转原宿风

星空紫

星空系列的色彩都十分迷幻，隐隐约约闪耀的珠光让这款美甲变在紫色的基础上变得更为神秘，它可以很女人味也可以很潮。

色彩学法则

闪耀的星空紫给人不可抗拒的诱惑，格纹以及爱心元素搭配多了几分性感以及甜美，用它来搭配潮T恤或是比较原宿风的服饰，相得益彰。

星空紫色系甲面步骤分析

1 先在指甲上图一层底油，既保护指甲也能让指甲油更饱满。

2 用暗钻黑色的指甲油均匀地涂满整个甲面。

3 先在甲面中心画一个红色的爱心，方便接下来的排位。

4 再在红色爱心四周画 3 颗星空紫色的爱心。

5 接着用红色指甲油画在指甲头尾画出不完整的爱心图案。

6 根据画好的星空紫色半心位置，在其上下方再画两颗红色半心。

7 用雕花笔蘸取适量的银白色指甲油，从左上到右下画出线条。

8 再从反方向画出剩下的 3 根线条，形成网格形状。

小贴士

银白色格纹像是性感的网袜，而连排的爱心让你迅速成为小甜心，这一款大胆特别的美甲值得在寒冷的冬季尝试。

圣银色 冷艳色调也能乖巧可人

圣银色

圣银色带给人们的印象更多的是未来感，这种冷艳色调搭配黑色会十分冷酷，但遇上柔美的浅粉色也会非常暖心。

色彩学法则

圣银色单看很难与温暖一词沾边，但是搭配上暖色调的指甲油，它的属性也会发生变化。再加上高跟鞋以及爱心元素的装点，这款美甲不仅赋予圣银色新的生命力，也给了你指甲新的变化，让你的手指更纤细更白嫩。

1 用浅粉色的指甲油薄薄地涂上一层，注意不要来回涂抹。

2 为了使颜色更饱满，在第一层甲油干后再上一层指甲油。

3 在指甲末端用圣银色指甲油画一个三角形。

4 借助雕花笔用黑色指甲油写出大写的英文"S"。

5 调整好笔刷，再写出小写的英文"w"。

6 然后用雕花笔连画两个小写的"e"。

7 最后"t"要刚好落在三角形尖的位置。

8 再用亮油涂上一层，让指甲油颜色更饱满持久。

小贴士

英文字母刚开始可能会写得很粗，所以在写上甲面之前可以用雕花笔在纸上先练上几笔，保证甲面的字母粗细相同并且流畅，让甲面看上去更优美。

暗钻黑　耀眼美甲闪闪惹人爱

暗钻黑

　　冬季大衣色彩太暗淡，需要些许的光泽点缀，暗钻黑就是不错的选择，搭配黑色大衣低调而奢华，用它来打造时尚美甲最合适。

色彩学法则

　　想要点缀深色的衣服，不一定非要用荧光色或者饱和度很高的指甲油，低调的深色带珠光的指甲油也是很好的选择，它能同时满足你不同的需求，从极致奢华到高街时尚无所不能。

暗钻黑色系甲面步骤分析

1 在为甲面涂上白色指甲油后，画上一个黑色的方块作为口红支管。

2 用流沙铜色指甲油在黑色方块旁画一个更小的方块。

3 用红色指甲油画出口红的形状，一支口红就完成了。

4 在口红的旁边画一个诱人的红唇形状。

5 用画红唇剩下的指甲油在其下方点上一个红点。

6 再用天蓝色的指甲油画一个比红点略大的波点。

7 蘸取少量的薄荷绿指甲油，在口红上方点上波点。

8 最后用柠檬黄色的指甲油写上英文再在其上方点上波点即可。

小贴士

暗钻黑作为口红支管，因为它闪耀的珠光让它看起来更立体逼真，此外红唇以及跳动的波点让这款直接活跃起来。

奢华金 简单法式奢华也可以很美

奢华金

奢华金如果搭配不好
很容易会变得很廉价或者是
很俗气，简单的法式以及经典的
格纹图案，就能让奢华金变得很美。

色彩学法则

黑色仿佛是所有金属色系的
绝配，简约的几何图案搭配奢华
金不仅不会特别唐突，反而显得
更上档次，改良的法式美甲画法
让你轻松拥有如葱般纤长白皙的
双手。

1 先将白色指甲油均匀地涂满整个甲面。

2 用蓝色指甲油在甲面上画出较粗的月牙型。

3 蘸取适量的黑色指甲油，用雕花笔画两条较粗的直线。

4 点取奢华金，在甲面的右边画一条纵向的细线。

5 再在横向黑线下方画一条平行于它的金线。

6 在金线下方画一条平行于金线的银色细线。

7 先将圆形的金属片沿着蓝色边缘贴齐。

8 最后用方形的铆钉贴于指甲中心的位置。

小贴士

　　带有些许珠光的蓝色指甲油与奢华金互相呼应，金线和银线让简约朴实的格纹有了新的高度，让奢华变得低调有韵味。

4 特别策划冬季场合美甲

盛大宴会 指尖精彩成为宴会焦点

出席盛大宴会除了服装、妆容的选择很重要以外，美甲更能体现你的个人魅力。一款专为盛大宴会打造的美甲，你学会了吗？

色彩学法则

除了奢华的礼物以及夸张的饰品外，一款简约的美甲更能体现你的品味。如果美甲也太过复杂奢华，往往会适得其反。一款与礼服颜色相照应的简约美甲才是你出席宴会的最好选择。

盛大宴会甲面步骤分析

1 先将白色指甲油均匀地涂满整个甲面。

2 在指甲油干后，用两条有黏性的透明胶或者细线贴于指甲中间。

3 贴好后，用黑色的指甲油在它们的空隙中间涂上黑色指甲油。

4 待黑色指甲油干后，将胶线慢慢地取下。

5 将黑色线条突出的地方用卸甲棉轻轻擦拭干净。

6 再沿着黑线补一次黑色指甲油，让黑线更饱满。

7 在指甲的中心的黑线上方贴上装饰物。

8 最后再涂一层亮指甲油让美甲更牢固。

小贴士

简约的黑白条纹可以搭配任何色系的衣服，其余两款纯色甲面可以根据服饰的颜色变化而变化，让你的着装更完整。

欢庆圣诞 手指也要过圣诞节

每到12月份，圣诞节的氛围越来越浓厚，自己精心为指尖画一款与圣诞有关的美甲不仅能收获礼物还能获得好人缘。

色彩学法则

圣诞老人、圣诞树、礼物以及可爱的驯鹿都是最能代表圣诞节的元素，将它们逐一画在手上，节日气息十足，活泼可爱的同时也与圣诞月的气氛很相符，与传统美甲相比多了许多趣味性以及俏皮感。

1 用红色指甲油画出圣诞老人的圣诞帽子。

2 在帽子下方画一条白色线条作为圣诞老人的白发。

3 用裸色的指甲油画一个色块较大的圣诞老人脸。

4 再将剩下的空白处用白色指甲油填满当作胡子。

5 用波浪线将色块连接的部分遮盖起来。

6 下方的波浪线当做圣诞老人胡子的纹路画出。

7 用黑色指甲油画出圣诞老人的眉毛和眼睛。

8 最后将它的鼻子和嘴巴也刻画出来即可。

小贴士

将憨态可掬的圣诞老人画在美甲上，立刻能传递一种圣诞愉悦的心情，不仅应景也十分可爱动人。

年终聚会 高雅质感打造尾牙气质女王

公司的年终聚会是展现自己另一面的最佳时机，除了优雅大方的服饰外，气质款的美甲可以让你在举杯时加分不少。

色彩学法则

不需要太多华丽的装饰，一只精美的几何图案美甲足以为你整双手加分。除了传达出你的精明干练，也演绎出你超强的时尚感与品位，让领导也对你刮目相看。

 1 先用底油为指甲打底，让美甲步骤更易进行。

2 用雕花笔将色块的框架给刻画出来。

3 先用流沙铜色的指甲油均匀地填满 3 个色框。

4 接着用柠檬黄色填充 5 个色框。

5 按照同样的方式，将紫蓝色指甲油填充好。

6 剩下的色框都用蒂芙尼蓝给填充满。

7 再用黑色的指甲油将色块指甲的接缝打理好。

8 最后再涂一层亮指甲油让美甲更牢固。

小贴士

流沙铜和蒂芙尼蓝色的指甲油让美甲更加精致，就算以简单的几何图案出席年终尾牙也不会觉得唐突。

如果带着荧光色或者抽象图案的美甲参加家庭聚会，一定会给长辈留下不好的印象，一款颜色明艳，图案简单的款式是你加分的关键。

色彩学法则

　　暖色调的美甲能够烘托出家庭聚会的温馨气氛，不碍眼又贤惠的色调会让长辈对你的宠爱有加，在家庭聚会选这样一款美甲是一张不错的安全牌。

家庭聚会甲面步骤分析

1 先用玫红色的指甲油均匀地填满整个甲面。

2 用雕花笔在指甲的右下方画出两条平行的白线。

3 再用白色的指甲油在画好两条白线的基础上画两条竖线。

4 在指甲的左上方画出一条横向白色的细线。

5 画好横线后，再画两条平行的竖线与它相交。

6 在指甲中心用白色指甲油画出重叠"LV"的字样。

7 用奢华金色的指甲油将刚刚画好的纹样覆盖掉。

8 将多出来的白色边缘补好，纹样也相对精致。

小贴士

如果是色底，在图案之前先用白色指甲油将纹样画出，再用有色指甲油进行覆盖，这样指甲油的颜色不容易透出也不容易与底层指甲油混色。

5 冬季美甲大揭秘

　　春夏季虽然是美甲的盛行季节，但是对于爱美的女性来说冬季美甲也不能忽略，关于冬季美甲的小问题也要重视起来。

冬季美甲问答

问：如何在试用期间就马上知道指甲油好坏？

　　答：选购时将指甲油毛刷拿出来看看，顺着毛刷而下的指甲油是否流畅地呈水滴状往下滴，如果流动很慢代表此瓶指甲油太浓稠将不容易涂匀。将刷子拿出来时，左右压一下瓶口，试试刷毛的弹性。尽量选择刷毛较细长的指甲油，会比较容易上匀颜色。刷子沾满指甲油拿出来时，毛刷最后仍维持细长状，表明刷子好，有些会变得很粗大。最后看生产日期。

问：冬季怎样涂指甲油才能均匀又能快干？

　　答：先从指甲中心涂起，在离指甲上缘大概两毫米的地方落刷。需要注意的是，当你在涂指甲油的过程中，需求略微大力点，这样指甲油能更均匀地上色在指甲外表。不论你的指甲有多宽，基本上中心有些刷一笔就够了。接下来涂两边，相同从间隔指甲边际两毫米的地方开始涂，着刷轻柔，然后涂的过程中逐步施力让刷头分隔。这个办法掩盖区域大，能防止堆叠的条纹呈现。

问：卸除指甲油后发现指甲发黄怎么补救？

　　答：指甲油卸除不干净以及手法不当会影响指甲的健康，如果卸除指甲油后就能发现指甲明显变黄，这时候我们应该这样做：使用棉签沾取柠檬汁擦拭指甲表面，也可以干脆切开一个柠檬，把手指插进去，停留 15 秒后拿出来就可以了。这样能够有效解决指甲因为指甲油和卸甲水使用过度，导致指甲发黄和脆弱等问题。

问：冬季手部肌肤干燥且有紧绷感，影响手部美观怎么办？

　　答：冬季空气较为干燥，手部肌肤一直暴露在特别干燥的环境中，就会缺水变的皮肤紧绷，让手部看起来有种衰老十几岁的感觉，因此随身携带护手霜是护手的最基本工作，每次洗完手后或者是感觉皮肤干燥时都可以及时的涂抹护手霜。另外，洗手时，最好使用多脂性香皂或是洗手液，这样可以防止使用普通肥皂带走皮脂腺的油脂。

问：冻疮影响美甲效果，冬季如何预防冻疮？

答：冬季气温一变冷冻疮即会发作，至来年春夏季可迅速痊愈，易患部位为肢端末梢，如手指、手背、面部、耳廓、足趾、足跟等处，不仅看起来不美观还会影响正常的工作以及破坏情绪。防治冻疮原则有如下几条：加强体锻，促进血液循环，经常搓搓手足，防止淤血产生。注意手足的干燥和保暖，可穿戴宽松暖和的手套和鞋袜。受冻部位不宜立即近火烘烤或用热水浸泡。

问：冬季手部防皱有什么秘诀？

答：冬季天气干燥，如果不注意滋润皮肤，造成皮肤内大量水分丧失，容易形成暂时性的皱纹，即小皱纹的增多，这样会让双手看起来粗老很多，最主要的是就算美甲后也不能掩饰双手的皱纹，且指甲油色彩搭配不当还会让双手看起来再老十几岁。一旦出现小皱纹，不用焦虑，只要保持开朗的心情，注意劳逸结合，合理地摄入营养，平日饮食中多吃些瘦肉、牛奶、蛋类品、新鲜的水果蔬菜等，选用合适的护肤品，坚持面部按摩，促进面部血液循环，改善皮肤营养，可以减少小皱纹。